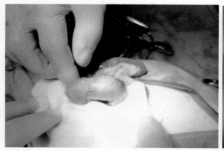

粪结石梗阻的直肠部位

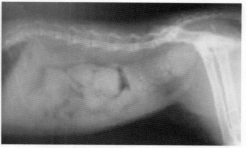

猫巨结肠症：X 线检查可见
结肠和直肠内蓄积大量粪便

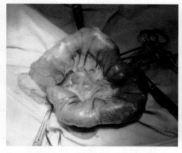

猫巨结肠症：结肠内蓄积大量粪便

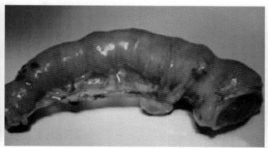

猫巨结肠症：手术切除的结肠部分

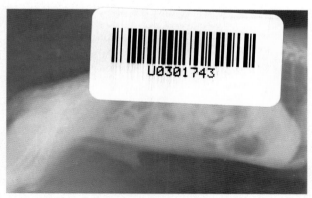

肠梗阻：空腹 X 线检查可见胃部、十二指肠、空肠蓄积大量气体

1

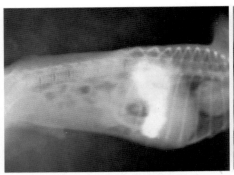

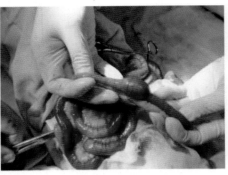

肠梗阻：X 线吞钡 45 分钟后
检查可见钡剂存留于胃内

肠梗阻部位

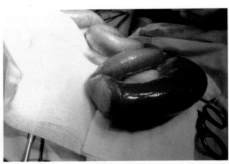

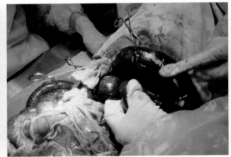

出现梗阻的肠管

肠扭转：肠管扭转、坏死

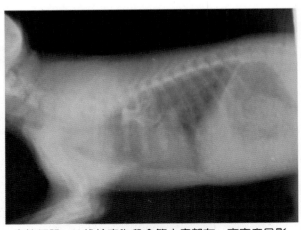

食管梗阻：X 线检查胸段食管心底部有一高密度显影

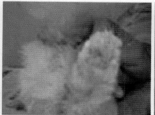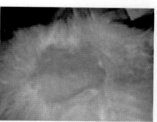

猫脂肪肝：病猫皮肤出现黄染

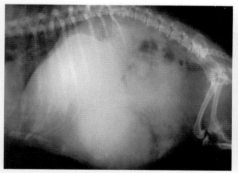

肝脏肿瘤：X线检查侧位片显示脐上腹腔内有一直径8厘米左右密度均匀的团块

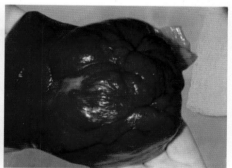

肝脏肿瘤：肿瘤膨出切口

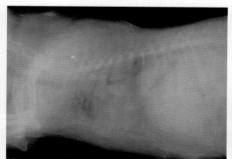

肺水肿：X线检查可见肺部大面积水肿

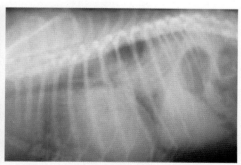

大叶性肺炎：X线检查肺部可见大面积阴影

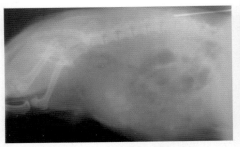

膀胱结石：可见膀胱内积有结石

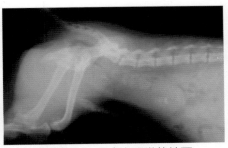

尿道结石：阻塞在尿道的结石

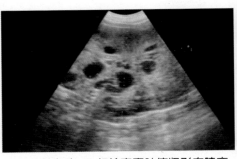

猫多囊性肾炎：B超检查囊肿使肾形态畸变，体积增大边缘不整，包膜回声增强。囊肿为圆形、椭圆形的无回声暗区，轮廓光滑、边缘清晰、壁薄，其回声增强

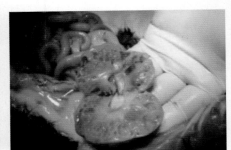

猫多囊性肾炎：肾切面见囊肿布满肾实质，大的囊肿肉眼可见，囊壁薄而透明，囊液澄清或浑浊

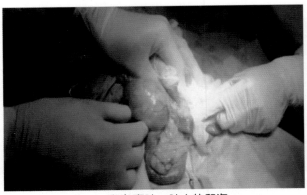

卵泡囊肿：肿大的卵泡

阴道肿瘤

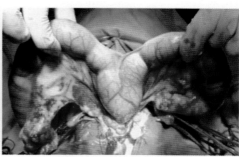

子宫蓄脓：子宫内蓄积大量脓液

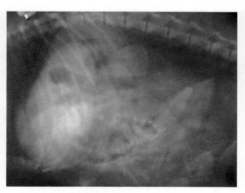

助产时 X 线检查腹腔中有两只胎儿，
其中一只头部与母体肝脏重叠

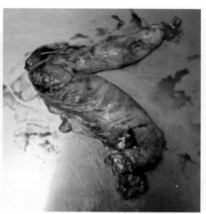

助产导致子宫破裂

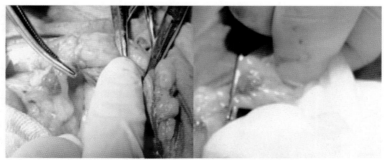

绝育后卵巢未完全摘除（钳夹处为未摘除的卵巢）

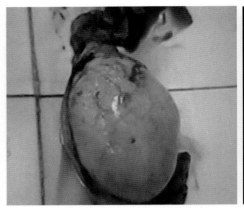

睾丸肿瘤：手术切除的病变睾丸

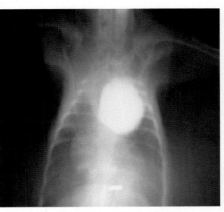

永久性右位主动脉弓：气管和
食管左移，心基部前方食管扩张

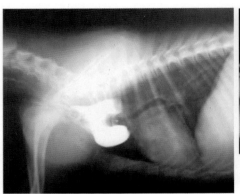

永久性右位主动脉弓：心基部前方食管扩张

犬细小病毒病：番茄样血便

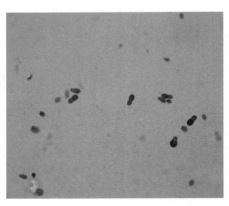

马拉色菌

钩 虫 卵

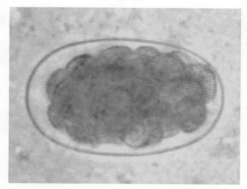

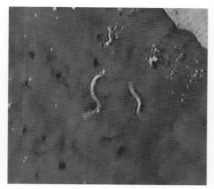

小肠黏膜上的钩虫

弓形虫病：病犬眵多难睁

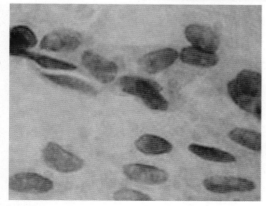

弓形虫病：血液涂片瑞氏
染色后可见弓形虫滋养体

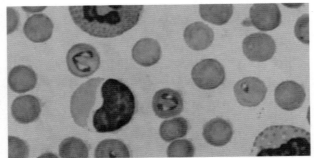

巴贝斯虫感染：血液涂片经姬姆萨染色后，可见红细胞内有巴贝斯焦虫

心丝虫病：病犬右心室和肺动脉发现大量的心丝虫成虫

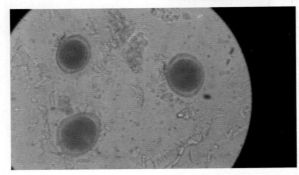

蛔虫卵

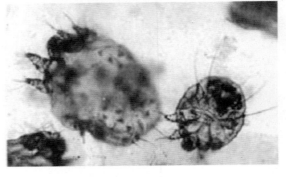

疥螨

犬猫疾病诊疗失误病例分析

主 编

孙义和 栾长福

副主编

张 宇 孙 淼 于立辉

编著者

栾长昆 龙 淼 张东久 闫玉馥

陈 博 王天文 刘爱秀 谭丽媛

蒋奉天 高 爽 许 超 龚商羽

王 超 赵 辉

金盾出版社

内 容 提 要

本书由沈阳农业大学动物医院专家精心编著。内容包括：兽医诊疗失误的分类，导致兽医诊疗失误的原因，兽医诊疗失误导致的后果，分析兽医诊疗失误病例的意义，归纳了犬和猫消化系统、呼吸系统、泌尿生殖系统、血液循环和造血系统、神经系统、内分泌系统、运动系统疾病以及传染病、寄生虫病、营养代谢病、中毒病方面的诊疗失误病例，并对其进行了分析、讨论，详细介绍了导致犬、猫疾病临床诊疗失误的原因、补救措施和治疗方案。本书的内容以临床实用为目的，融知识性、实用性、指导性为一体，力求全面、广泛，特别适合宠物医生、宠物医院医护人员阅读和使用，亦可作为农业院校相关专业教学实践环节的参考用书。

图书在版编目(CIP)数据

犬猫疾病诊疗失误病例分析/孙义和，栾长福主编 .-- 北京：金盾出版社，2012.1
ISBN 978-7-5082-7253-5

Ⅰ.①犬… Ⅱ.①孙…②栾… Ⅲ.①犬病—病案—分析②猫病—病案—分析 Ⅳ.①S858.2

中国版本图书馆 CIP 数据核字(2011)第 221107 号

金盾出版社出版、总发行
北京太平路 5 号(地铁万寿路站往南)
邮政编码：100036 电话：68214039 83219215
传真：68276683 网址：www.jdcbs.cn
封面印刷：北京蓝迪彩色印务有限公司
彩页正文印刷：北京金盾印刷厂
装订：永胜装订厂
各地新华书店经销
开本：850×1168 1/32 印张：6.25 彩页：8 字数：147 千字
2012 年 1 月第 1 版第 1 次印刷
印数：1~8 000 册 定价：13.00 元

前　　言

　　宠物诊疗作为兽医诊疗的一个重要分支随着社会的进步和人民生活水平的提高越来越受到人们的重视。犬、猫作为伴侣动物进入千家万户,在人们的生活中起到了越来越重要的作用。目前,有关宠物诊疗的各类出版物较多,对宠物诊疗知识的普及起到了一定的推动作用。但有关宠物临床诊疗失误病例分析的出版物仍然较少,笔者根据30余年宠物疾病临床诊疗工作经验的总结编写了本书,书中归纳了犬、猫临床常见病诊疗失误病例,并加以分析、讨论,详细介绍了导致犬、猫疾病临床诊疗失误的原因、补救措施和治疗方案。希望本书的出版能够减少宠物医生在临床诊疗过程中出现的误诊、误治,从而减少宠物临床诊疗工作中对动物的伤害,减少医疗事故、医疗纠纷的发生,为提高宠物医师的诊疗水平起到推动和促进作用。

　　本书的内容以临床实用为目的,融知识性、实用性、指导性为一体,力求全面、广泛,特别适合宠物医师、宠物医院不同层次的医护人员阅读和使用,也可作为农业院校相关专业教学实践环节的参考用书。

　　由于笔者知识水平和经验所限,书中错误、遗漏之处在所难免,敬请广大读者批评指正。

编著者

目　　录

第一章 概　述

兽医诊断和治疗准确无误,是保证动物健康的有力措施。真正做到这一点受诸多因素的影响,我们要认真总结经验教训,借鉴已经发生的误诊、误治病例,对正确诊断治疗提供一定的帮助。

一、兽医诊疗失误的分类

兽医诊疗失误是指在兽医临床中出现的错误诊断和错误治疗的统称。兽医诊疗失误学是研究兽医诊疗中未能获得正确诊断和治疗的各种内在与外在原因,其目的是提高兽医诊疗水平,保证畜牧业安全生产,提高畜牧业的经济效益和社会效益。兽医诊疗失误包括误诊和误治两个方面。宠物诊疗是兽医诊疗的一个分支,在临床工作中也存在着诊疗失误,因此需要研究和探索导致诊疗失误的规律和原因,以做出正确的诊断和治疗,提高宠物医师临床诊疗水平。

(一)误　诊

误诊即错误的诊断,在临床上没有严格的分类,可根据误诊的性质和程度不同,将其分为诊断错误、漏误诊断、延误诊断、病因判断错误、病性判断错误等几个类型。

1. 诊断错误　一般分为误诊和漏诊 2 种。误诊是指把一种疾病错误地诊断为另一种疾病进行治疗;漏诊是指由于诊断不全面或一种疾病的症状掩盖了另一种疾病的存在使得诊断出现遗漏。如果将有病诊断为无病称为完全漏诊;将无病诊断为有病称为完全误诊。完全误诊和完全漏诊统称为完全诊断错误。如犬患急性胰腺炎,腹部疼痛明显,坐卧不安,误诊为犬患肠痉挛,对前者胰腺炎来说为完全漏诊,对后者诊断为疝痛是完全误诊,这两种病其治疗方法完全不同,由于误诊为肠痉挛,按常规治疗方法治疗2天,病情不见好转,病犬病情加重,经进一步实验室检查确诊为胰腺炎,改变治疗方案,病犬康复。这一病例说明误诊将导致误治。

2. 漏误诊断 临床上患病动物由于发病后造成机体免疫力低下,加之环境恶劣、管理不善等因素,常常会继发多种疾病,造成几种疾病的混合感染。此时如果诊断不完全,漏诊主要疾病,或只考虑到一种疾病而漏诊其他疾病,治疗效果往往不理想,还会造成不应该出现的损失。如一犬由于车祸后出现皮肤破损,行走困难,可视黏膜苍白,如果只注意皮肤破损和跛行,忽视内脏器官损伤而只处理外伤,不久就可能因内出血而发生出血性休克死亡。再如某犬场由于犬钩虫病继发细小病毒病,只治疗细小病毒病但未治疗钩虫病,则犬场的犬还将继续不断出现便血死亡。

有时在诊疗过程中会忽略并发或继发的其他疾病,如某一小犬因吃腐败食物而引起呕吐和腹泻,确诊为急性胃肠炎,进行补充体液、抗菌消炎等治疗,治疗3天后病犬出现只呕吐不排便的现象,但其精神有所好转,误认为长时间未进食,肠腔内粪便排空而无粪便,不久后病情逐渐恶化,出现频繁呕吐、可视黏膜发绀、精神不振等,触摸腹部发现有一段肠管似香肠样,又诊断为肠套叠,立即进行剖腹术,发现套叠的肠管已出现坏死,此时病犬已处于休克状态,很快死亡。

3. 延误诊断 由于各种原因而导致诊断时间过长,如病情复杂、临床症状不明显、技术设备不先进、诊断经验不丰富等因素,造成不能在最短时间内做出明确诊断,延长诊断时间,错过最佳治疗时机,造成宠物主人损失;或由于诊断出现错误,选择的治疗方法不利于疾病的好转进一步延误治疗时间,使病情加剧。导致延误诊断的原因除宠物医生本身的原因之外,也有宠物主人的因素,如动物发病后不及时进行诊疗,宠物主人依靠经验自行治疗,待病情加重后再到动物医院要求诊治等。上述两种情况都是造成延误诊断的因素。

延误诊断的时间可能是几小时、十几小时或几天、几十天。临床上确定是否为延误诊断不是以延误时间的长短为标准,而是以是否有利于病情好转或痊愈为标准。在临床诊断上,可因几个小时的延误而使病情恶化,失去最佳治疗时机,从而导致患病动物死亡。如犬的胃扭转,延误诊治几个小时就会死亡,甚至延误几分钟也会引起死亡;再如气管阻塞,延误几分钟也会引起死亡。也有一些疾病延误几天或几十天确诊也不会对患病动物生命产生危险,如犬皮肤纤维瘤、猫皮肤病等慢性病。因此,延误诊断的判定标准应该看是否有利于疾病的转归。

4. 病因判断错误　病因就是导致一种疾病发生的原因。明确一种疾病的发生原因有助于对该病采取合适的治疗方案,以最快的速度使患病动物痊愈。如果对疾病的发生部位、病性做出了正确的判断,但对病因判断错误,则可导致治疗上的错误。如犬、猫出现皮肤病症状,主要表现皮肤瘙痒,啃咬或用爪挠,造成皮肤掉毛、结痂,有时表现皮肤破溃感染等。此种症状主要是由螨虫、真菌、湿疹等引起,而这些疾病在治疗方法上也是不同的。螨虫引起的应用抗螨虫药,真菌引起的应用抗真菌药,其他原因引起的可以用止痒抗过敏的药物。再如一松狮犬在 6 月龄注射过国产疫苗,当时出现体温达 40℃、鼻镜潮湿、饮欲和食欲减退、被毛粗乱等,怀疑是犬瘟热,用犬瘟热-细小病毒二联血清、干扰素治疗,同时应用抗生素和退热药物 3 天,无明显效果,犬瘟热病毒诊断试剂盒检测呈阴性,采血涂片检查确诊为弓形虫感染,应用磺胺类药物治疗 5 天后好转。这就是由于病因判断错误,导致治疗效果差、浪费大量人力和物力的例证。

5. 病性判断错误　即对疾病病因、发病部位等做出正确的判断,但对局部的病理变化做出错误的判断,造成用药和治疗方法的错误。如某病犬诊断为肠梗阻,部分肠管发生坏死,术者在切除肠管时未完全将淤血肠管切除,保留了 2 厘米左右的淤血肠管,为术后肠管穿孔埋下了隐患。另外,术者在切除肠管时没有对切除肠管相对应的肠系膜进行 V 形或扇形切除,而是不规则地摘除了大量的肠系膜,后将保留的肠系膜进行了连续缝合,导致保留的肠系膜过于紧张,从而抑制了肠管的蠕动,进一步加重了大部分肠管淤血、坏死的发生。术后不久已坏死的小肠破裂,大量肠内容物流入腹腔,引起腹腔污染和广泛的腹膜炎,最后造成病犬死亡。诊断的目的是确定疾病的本质,并随之选择正确有效的治疗方法,使病情向好的方向转化,病性的错误判断与其他误诊同样可造成不良后果。

(二)误　治

误治是指由于误诊导致治疗方法和药物选择等方面的错误;或者诊断是正确的,但选择了错误的治疗方法。常有以下几种情况。

1. 治疗方案错误　在对患病动物进行正确诊断的前提下,需要兽医针对不同病情制订合理有效的治疗方案。如果治疗方案不对症或者不是最佳方案,则会加重病情或延误痊愈时间。在诊疗过程中应根据实际情况和疾病的发展及时调整治疗方案和用药,以达到最佳的治疗效果。如一博美犬便秘,可选用口服泻剂,泻剂有油类泻剂、盐类泻剂等,它们又分急剧泻剂和缓泻剂;也可选用灌肠或注射促进胃肠蠕动的药物、手术等方法。这些方法必须根据便秘的部位、便秘的性质和便秘的程度来决定。又如猫巨结肠症,选用盐类泻剂时,必须注意其浓度、剂量和用法,注射或口服泻剂后是否用胃肠兴奋药物等都要仔细地分析。而犬患直肠便秘时,最好选用灌肠方法,口服或注射泻剂效果不一定很理想。如果用上述方法无效时,应及时选用手术方法,手术方法又分肠管按压法、切开肠管壁取出便秘结块等方法。如果便秘的肠管已坏死,应切除坏死的肠段,进行肠管断端吻合术。虽然同是便秘,如果选择或制订治疗方案不当,不仅不能治愈疾病,有时还会造成不良后果。如猫巨结肠症发生粪结石时，开始选用注射增强胃肠蠕动的药物而使胃肠兴奋，常因肠蠕动加快，便秘结块很硬而造成肠管破裂或肠套叠等继发病。再如难产，是因产力不足，或是胎位不正、产道狭窄，在制订治疗方案前必须弄清楚，如果因产道狭窄而使用子宫收缩药，很容易导致子宫破裂和胎儿过早死亡。

2. 用药错误　药物是人类用来和疾病作斗争的物质，用以预防、治疗和诊断疾病。在长期的宠物诊疗临床实践中，药物常用于防治宠物疫病和促进其生产性能。药物使用超过一定剂量或使用方法不当，对机体也能产生毒害作用。药物接触或进入机体后，促进体表与内部环境的生理、生化功能改变，或抑制入侵的病原体，协助机体提高抗病能力，从而达到防治疾病的效果。同时，药物亦受到机体的影响而发生代谢变化。在体内，药物的作用表现逐渐加强，随后逐渐减弱以至消失，也就是机体对药物的影响表现各种变化，以至失去药物原有作用并排出体外。

药物使用错误包括药物选择、剂量、剂型、合并与重复用药、配伍方面出现错误。首先，针对不同的病情应慎重选择不同的药物进行治疗，如果药物选择出现错误，轻则延误病情，重则危及生命。如筋腱拉伤引起的无菌性炎症，要用舒筋、活血、止痛的药物，而用抗生素是无效的。其次，用药要有一定的剂量，被机体吸收后，达到一定的药物浓度，才能发挥药物的作用。如果剂量过小，在体内不能形成有效血药浓度，药物就不能发挥其有效作用；剂量过大，超过一定限度，药物的作用可出现质的变化，对机体产生毒性。如李某饲养的一只猫由于腹泻在一动物医院治疗 1 周左右，初期治疗时病猫状态有所好转，当治疗至第六天时病猫又出现呕吐、不食、排尿量减少且尿色赤黄。李某带猫转院治疗，转诊医院值班医生检查后发现病猫体温 39.6℃，眼窝深陷，结膜发绀，心率加快，便味腥臭，精神委靡，呼吸急促，触摸肾脏肿大；血常规检查白细胞总数升高至 $23.2×10^9$/升，粒细胞总数升高至 $19.7×10^9$/升；猫瘟病毒检测呈阴性；粪便虫卵检查未发现虫卵；血清生化检测碱性磷酸酶、丙氨酸氨基转移酶(ALT)和天门冬氨酸氨基转移酶(AST)均正常,尿素氮升高至 17.6 毫摩/升,肌酐升高至 230 微摩/升,血钙正常,血磷升高至 2.6 毫摩/升。医生根据病猫的临床症状和各项检查结果,综合分析后诊断为急性肾衰。医生通过与猫主人的沟通得知此猫发病期间一直在家附近的动物诊所进行治疗,经查询病历得知具体用药,庆大霉素 8 万单位皮下注射,每日 2 次,已连续用药 6 天,属超剂量长时间用药,根据病猫的用药史诊断为氨基糖苷类药物中毒导致的急性肾衰。因此,要发挥药物的作用而又要避免其不良反应,必须根据不同的动物采用不同的剂量。如磺胺类药物首次应用倍量,连续应用常量。如果连续倍量会造成动物中毒,首次不是倍量又达不到有效的药物浓度。

此外,剂型也是影响治疗效果的因素之一,不同剂型的药物对于不同的给药途径会产生不同的作用。如同一种药物有针剂、口服剂和外用擦剂,要根据病情轻重程度和病灶部位,选择作用快、效果好的剂型单独或联合应用,达到快速治愈的效果。再则,治疗过程中往往存在合并用药和重复用药的现象。合并用药可能产生 2 种效果,一种为协同作用,即各种药物的作用相似,使用后药效增强;另一种为拮抗作用,即各种药物作用相反,引起药效减弱或者互相抵消。合并用药一旦出现错误,会影响对疾病的治疗。如临床上常用青霉素和链霉素联合应用,抗感染效果很好。重复用药是为了保持机体内药物浓度,继续发挥药物作用采取的措施,重复用药不当会使机体对药物产生耐受性,降低药效。如使用抗生素时,用药剂量和疗程不足,容易使病原体产生耐药性。最后,药物的配合应用能对机体呈现有利的一面,也能呈现不利的一面。由于药物具有各种理化性质和药理性质,当配合不当时可能出现沉淀、结块、变色甚至失效或产生毒性。因此,临床用药一定要注意各种药物间的配伍禁忌,以免出现不良后果。如庆大霉素与西咪替丁配伍应用会引起呼吸抑制。如发现呼吸抑制情况,可立即注射氯化钙对抗,其他氨基糖苷类药物如链霉素、阿米卡星、卡那霉素、妥布霉素等与西咪替丁配伍应用均有此作用。庆大霉素与维生素 K_1、维生素 C 注射液配伍应用,会使庆大霉素的抗菌疗效降低;维生素 K_1 可被维生素 C 破坏而失活,维生素 C 可使庆大霉素对葡萄球菌和大肠杆菌的抗菌效果降低。

3. 治疗方法选择错误 当病情确诊以后,选择合理的治疗方法并及时实施是十分重要的,如果选择不当,或者治疗延误都会像用药错误一样造成不良后果。如胎儿前肢腕关节屈曲而造成的难产,若胎儿还活着,注射缩宫素不仅不能解除难产,反而能促进胎儿死亡或子宫破裂;若采用截胎术更是错误的方法。正确的处理是整复屈曲的腕关节,然后人工从阴道拉出胎儿。如果胎儿已死并发生气肿和腐败,采用整复胎位方法也是不正确的,因为胎儿气肿是无法整复的,应立即进行剖宫产,若采用先整复胎位,最后再行剖宫产术,会造成助产时间长,使母畜衰竭死亡,延误治疗时机。

二、导致兽医诊疗失误的原因

造成兽医诊疗失误的原因有很多,归纳起来可分为以下 4 种情况。

(一)由宠物主人原因造成的诊疗失误

动物发病后,宠物主人应在第一时间将其送至动物医院进行诊治,如果由于某种原因不能及时诊治会错过最佳治疗时机。例如,有一犬主人喂犬后遛犬回来就上班了,当晚上回家后发现爱犬腹胀卧地,奄奄一息,送医院后检查发现是胃扭转,由于就诊不及时,手术治疗无效死亡。临床医生需要通过询问宠物主人来了解患病动物的病史、病因和病情,如果主人不了解情况,或者描述过程有遗漏,就会增加诊治的难度。还有些主人为了引起医生的重视而故意夸大病情,干扰医生的正常判断和给药,也会造成诊断治疗的失误;有些主人由于某些原因隐瞒病因、病情,也会增加诊治难度;有些主人不能完全理解医嘱,或在治疗过程中不配合,不能严格执行医生制订的治疗和护理方案,出现不应该出现的情况。如某犬进行腹股沟疝手术后,由于犬主人不懂医学常识,加之医生医嘱不详细,到拆线的时间没有拆线,造成线孔感染化脓。

(二)由患病动物原因造成的诊疗失误

宠物种类多种多样,但多以犬、猫为主。不同品种的动物都有其独特的生活习性、营养需求、生物特性、解剖结构和易感疾病等。并且同种动物由于其年龄、性别、体重、健康状况、机体免疫力等的不同,其疾病的临床表现、病理变化及相应的治疗方案、给药途径和剂量也各不相同。因此,需要宠物医生根据不同动物个体做出正确判断。宠物医生的诊疗对象不会自述病情,完全依靠宠物主人的介绍和宠物医生仔细认真、系统全面的诊查。宠物患病后的临床表现千差万别,需要医生针对不同情况加以辨别,准确诊治。有些疾病表现的临床症状呈现非典型性,如一拉布拉多犬患永久性右位主动脉弓,表现呕吐,症状与胃炎特别相似。有些不同疾病其表现的临床症状相似或者相同,如一犬患弓形虫病后,流脓性鼻液、诱咳阳性;听诊呼吸音粗厉;眵多难睁、羞明流泪;体形消瘦、被毛粗乱,其症状非常符合犬瘟热的症状。采集眼分泌物进行犬瘟热抗原检测,检测结果为阴性,排除犬瘟热感染,根据病犬所表现的临床症状误诊为支气管肺炎,后血液涂片检查发现为弓形虫感染。有些动物同时患有 2 种以上的疾病,医生需要判断哪个是主要疾病,哪个是并发症。临床上常见的是一种疾病的典型症状会掩盖其并发症状,造成漏诊、漏治。如某犬场一窝 3 月龄体重在 6 千克左右的 6 只犬在 3 天内先后发病,表现呕吐、腹泻,粪便初期呈灰色或咖啡色,有腥臭味。动物医院医生到犬场后,先后对病犬的状态进行检查,病犬体温都在 39.6℃～40.2℃,舌苔白厚,牙龈苍白,指压回血时间延长,病犬都表现出不同程度的脱水,粪便混有血液,有的病犬粪便呈胶冻样,采集发病犬粪便进行细小病毒抗原检测,检测结果为强阳性,根据病犬的临床症状和粪便检测结果诊断为细小病毒感染,经治疗没有明显好转,又进一步检查发现为犬细小病毒与犬冠状病毒混合感染。任何疾病都有一个发生发展的过程,患病初期、中期、后期的症状表现各不相同,应针对不同时期制订不同的治疗方案。一旦患病动物的临床表现不十分明显,应用辅助检查对病情做出判断,减轻对诊断的干扰,给宠物医生的准确诊治带来帮助。如一犬患髋关节脱位,医生在检查触摸髋关节时病犬表现疼痛,误诊为髋关节扭伤,告诉犬主带犬回家静养一段时间,限制病犬运动,尽量避免激烈运动,同时口服替泊沙林。犬主回家按初诊医生的说法,每天限制运动,按时喂药,经 3 天治疗后病犬症状没有丝毫好转,转院就诊后经 X 线检查确诊为髋关节脱位。

（三）由宠物医生原因造成的诊疗失误

造成临床诊治失误的原因诸多,但是人的因素始终居于第一位。临床医生应时刻注意自己的主观判断与客观实际之间的误差,如果医生常常根据主观臆断进行诊疗,而主观臆断与实际病情之间有着很大差距甚至是背道而驰,往往是造成诊疗失误的根本原因。

与诊疗失误有关的临床医生自身因素主要包括以下几方面。

一是宠物医生的理论基础不扎实,专业技能不过硬,临床经验不丰富。一名合格的临床宠物医生不仅要求有扎实的专业基础知识,还要具备灵活的思维和丰富的临床诊治经验。要对包括外科学、内科学、产科学、中兽医学等在内的所有知识都熟练掌握。除此之外,还要全面了解其他各门相关学科,如组织胚胎学、解剖学、兽医药理学、兽医病理生理学、兽医传染病学、兽医免疫学、兽医微生物学、兽医寄生虫学等。有时还需了解动物行为学、动物心理学、哲学等人文类学科,这样才能对不同病例应对自如。但是,目前许多宠物医生并不具备以上条件就开始行医,遇到棘手病例不能妥善解决或者敷衍了事；或者刚刚从事临床行业，诊断治疗经验不足，遇到疑难杂症措手不及，不能从容面对，在病因判断或者治疗方案的选择上出现差错。如某诊所接诊一外地转来的病例，主诉因家人不堪此猫发情嚎叫，于2年前在当地的一家动物医院做过子宫卵巢摘除术。手术后最初的一段时间，此猫状态正常，间隔4个月，此猫又表现发情症状，每天不停嚎叫，特别在夜间更加严重，家人和邻居对此猫发出的叫声苦不堪言。到做手术的动物医院咨询，当时的手术医生告诉宠物主人，由于当时手术时切口不合适，向切口外牵拉卵巢时较困难，又怕将卵巢动、静脉拉断造成大出血，所以只将此猫的子宫摘除，而未完全将卵巢摘除。听过主人的讲述后，值班医生告诉宠物主人，由于猫的卵巢较小，若要检查确认是否卵巢未摘净有一定困难，建议进行剖腹探查手术，经宠物主人同意后，对猫进行剖腹探查术，将残留卵巢摘除后，此猫再未发生过发情嚎叫。

二是服务态度不好、医疗道德水平低，造成与宠物主人沟通不畅，导致诊疗和护理不能顺利进行。宠物医生从事的行业属于服务性行业，医生每天不仅与患病动物接触，更多的是与宠物主人打交道。从询问病因、病情、病史开始，一直到开处方、术后护理等方面都需要医生保持良好的服务态度，不厌其烦、细致周详地与主人沟通、询问、交代病情并进行医嘱。兽医临床由于接触患病动物，确实是一件又脏又苦的工作，同时也具有一定的危险性。但既然选择了这个职业，就要有敬业精神，应该进行的诊疗程序必须按部就班，不能因为累和苦的原因而擅自减少，造成误诊、误治。另外，临床医生要以全心全意抢救患病动物为己任，不能因为挣钱少或者动物生命垂危就故意推脱不治，将其推到其他动物医院，以免死在自己手下，影响自己的声誉。有的病例采用保守疗法完全可以治愈，但为了显示自己手术水平高或者增加收入而采用手术疗法，这既属于误诊、误治，又违背了医疗道德，毕竟手术对患病动物来说是一种损伤和刺激。也有的病例必须实施手术，但医生由于专业技能较差,怕动物死在手术台上而影响自己的名声,故意夸大病情,告知宠物主人没有希望治愈,延误治疗时机,导致死亡。如犬主贾某饲养一只可卡犬,近半个月以来一直左右摇晃脑袋,频繁抓挠左侧耳朵,食欲、排便等均无异常,犬主将犬带至动物诊所就诊,将病犬的情况向医生叙述了一遍,值班医生正在与朋友打牌,听到犬主的叙述后看了一下病犬的两只耳朵,发现左侧外耳道有大量暗红色的分泌物,闻到有臭味,误诊为耳螨感染。给病犬用完药后又回到座位上,继续与朋友打牌。由于医生工作态度不认真,检查不细致造成误诊,用药几天未见好转。转院检查确诊为马拉色菌引起的外耳炎。

三是诊疗时观察不仔细、询问不全面、治疗不认真。宠物医生在诊疗过程中要仔细认真,不能粗心大意,也不能放过任何一个细节。粗心主要表现在问诊不详细、不全面,检查不认真、不系统。仅仅根据宠物主人的简单介绍和浅表的症状就匆匆下结论。要做到问诊翔实,检查细致,治疗及时合理,必要时配合辅助检查确定病因,对症下药。如猫主李某带猫至动物诊所,主诉家里养了两只猫,此猫已2岁多,已生过一窝猫崽,现在每间隔3~4个月就出现1次发情,每次发情时嚎叫不安,严重影响家人和邻居的休息,请求医生对猫进行手术阉割,医生接过猫后对猫的体况进行了检查。根据猫的体况可以进行麻醉手术,随即对猫进行全身麻醉,仰卧保定,术部剃毛消毒,脐后腹白线切口,打开腹腔后,医生将卵巢钩伸入腹腔,连续2次都未能将卵巢牵拉出腹腔,医生又将手指伸入腹腔,也始终找不到卵巢和子宫,又将部分肠管取出也未能找到卵巢和子宫,这时助手怀疑是公猫,医生用手触摸猫的会阴部,发现2个睾丸,确定为公猫,最后只好先将腹部切口缝合,然后再按公猫去势术将猫的两个睾丸摘除,如果术前医生能够仔细地对病猫进行检查,完全可以避免手术失误的发生。

四是医生思想主观片面,逻辑思维不正确或不全面,存在主观臆断、经验主义、固守局部,不求深入研究,只注意表象而忽视本质的现象。不能利用有效的医疗设备和医疗手段对患病动物进行全面客观的检查。临床上发生误诊、误治,分析其原因,大多是由于主治医师临床逻辑思维方法不正确造成的。因此,要成为一名优秀的临床宠物医生,就必须加强逻辑思维方法的锻炼,减少或避免诊疗失误的发生。临床思维应当是贯穿于整个诊疗过程直至患病动物痊愈。首先是问诊,通过与宠物主人沟通,了解病例的每一个细节,包括动物以往的发病史、可能的发病原因、病程持续的时间、患病期间的饮食、行为等是否正常等。其次在此基础上进行有针对性的检查,包括体温、眼结膜、口腔和患病部位疼痛检查,必要时配合辅助检查,如血常规检测、病理切片、X线检查、CT检查等。再次就是治疗,根据检查的结果和治疗经验做出初步判断,选择对症的药物、合适的剂量和剂型、合理的治疗方案,需要实施手术的认真进行准备,可以保守治疗的要安排好治疗周期。最后就是愈后的护理工作,俗话说疾病是"三分治、七分养。"因此,为了保证患病动物完全康复,护理工作尤为重要,要与主人沟通好,一旦出现问题及时补救。一个好的逻辑思维方法需要宠物医生不断学习,不断从临床实践中吸取经验教训。如某动物诊所就诊一病例,主诉此猫10天前做过绝育手术,近几天食欲减退,已有3天不食,经检查此猫精神委靡,体温39.3℃,形体消瘦,呼吸急促,无食欲,可视黏膜苍白且发绀;血常规检查白细胞总数19.63×10^9/升,淋巴细胞总数2.3×10^9/升,单核细胞总数0.53×10^9/升,粒细胞总数16.8×10^9/升,红细胞总数3.5×10^{12}/升。根据此猫最近一段时间食欲不振,且有3天未进食,诊断为营养不良性贫血。第二天复诊时医生在与动物主人的交谈中得知,此猫在手术后的第五天时摸耳朵感觉发热,给喂过1粒扑热息痛,然后此猫就开始食欲减退,最初2天此猫表现流涎,近几天排血尿,得知这个情况后医生怀疑此病猫为扑热息痛中毒,采血进行涂片,姬姆萨氏染色后镜检见大量红细胞出现海恩茨氏小体,且此时病猫已出现黄染。根据主诉、病猫的临床症状和检查结果,最后诊断为扑热息痛中毒引起的溶血性贫血。

　　导致逻辑思维方法不正确的最主要原因是经验主义和主观主义。临床经验对于一名从事宠物诊疗行业的医生来讲是非常重要也是不可或缺的。这些宝贵的经验都来自临床实践，并经过多次病例诊治的验证。但每个经验都有它的局限性，个人的经验往往仅处于感性认识上，而没有升华到理性认识上。如果在诊疗过程中过分依赖自己的经验，对患病动物只凭主观经验进行判断而不做深入客观的分析，只停留在印象和表象上就妄下结论，有时甚至某些症状、体征和检验数据与经验发生矛盾，仍用以往的经验来否定眼前症状和辅助检查结果，就会发生诊疗失误。过分依赖和强调自己的经验，一旦碰到具体病例，只注意自己熟悉的疾病现象，而忽视不熟悉、不了解的疾病现象，自觉或不自觉地用已有的经验去推理和判断疾病的本质，则使诊断和治疗思维中出现主观性和片面性的失误。在病例治疗过程中，要克服经验主义和主观主义，科学地分析宠物的体征、症状和检验数据，正确合理地运用这些经验成为避免诊疗失误的重中之重。如犬主王某带犬至动物医院就诊，主诉最近半年左右，此犬经常在早晨和傍晚时分咳嗽，有时咳嗽时还流少量鼻液，平时饮、食欲均无异常，但最近几天咳嗽严重，特别是后半夜时尤为明显，曾在家喂过阿莫西林、甘草片，但症状无明显好转。值班医生看到此犬流少量水样鼻液，体温正常，呼吸稍快，呼吸音略显粗厉，立即诊断为支气管炎，并告知犬主不用担心，此犬用药 3 天症状基本就会得到缓解。给予头孢曲松钠 50 毫克/千克体重和阿米卡星 15 毫克/千克体重，皮下注射，每日 1 次，连续用药 3 天后，症状不但未得到缓解，且咳嗽加重、张口呼吸、呼吸困难。犬主带犬转院治疗，转诊医生发现此犬舌苔黄厚、可视黏膜发绀，且运动不耐受，稍运动后即呼吸困难、咳嗽加重，听诊心律失常、心音杂乱，可听到全缩期杂音，胸部触诊有震颤；胸部 X 线检查可见左心室、左心房扩张，肺轻度水肿；B 超检查见心缩期左心室血流逆流进入左心房；血常规检查除白细胞总数和粒细胞总数稍有升高外,其他均无异常,最后确诊为二尖瓣闭锁不全。

兽医临床诊断过程中有一个基本思维原则,即先常见病、后罕见病;先器质性疾病,后功能性疾病。既要坚持两点论,也要坚持重点论,强调理论与实践相结合,经验与具体情况相统一。但有的宠物医生在长期临床实践中已形成思维惯性,面对具体患病动物时,常常忽略上述思维原则的辩证关系,只抓住某些突出现象,不恰当地强调对立面,忘记了统一面,具有某些主观随意性,或以强调某些原则为理由,不顾实际情况的变化,片面地应用某种原则,导致一种从"原则"出发的主观性思维方法错误。这主要是由于临诊时不从实际出发,而从主观愿望或某些偏见出发,只看到局部没看到整体,过多地注意表面现象,或把表面现象当成了疾病本质,不通过分析表面现象去把握本质,或把表面现象拘泥于自己狭隘的经验之中。如王某在某小区的花坛内捡到一条病犬后送至宠物医院,此犬体温 39.6℃,全身肌肉震颤、痉挛性抽搐、不能站立,背毛粗乱、形体消瘦,牙关紧闭、流涎、意识不清、眼睑下垂、瞳孔散大,投给食物没有任何反应,食欲完全废绝,呼吸急促,听诊呼吸音粗厉、心律失常、心音杂乱;血常规检查白细胞总数为 3.58×10^9/升,淋巴细胞总数为 1.2×10^9/升,单核细胞总数为 0.32×10^9/升,中性粒细胞总数为 2.06×10^9/升,红细胞总数为 3.5×10^{12}/升,血红蛋白 70克/升。根据病犬的临床症状和检查结果诊断为犬瘟热神经症状,建议对病犬实施安乐死术。病犬安乐死后对病犬的尸体进行剖检,发现病犬颅骨骨折,皮下淤血化脓,化脓灶感染脑组织,脑组织有灰黄色的小化脓灶,其周围有一薄层囊壁,内为脓液,肺和肠道无明显病变,剖检人员根据剖检结果,觉得不应该是犬瘟热感染,因犬瘟热感染引起的应该是非化脓性脑炎,且该犬颅骨有外伤化脓感染,采集血液和呼吸道分泌物进行犬瘟热胶体金抗原检测,检测结果为阴性,排除犬瘟热感染,最后根据检查结果和剖检结果诊断为化脓性脑炎。

(四)由辅助检查原因造成的诊疗失误

辅助检查是宠物医生进行诊疗活动,获得患病动物有关资料的方法之一,即通过医学设备或实验室检测进行身体功能检查,是一种辅助的检查方法。如物理方面有 X 线、超声波、心电图、CT 扫描、内窥镜检查等;生物化学方面有血糖、血清无机钙和磷、血清氯化物、血清钠、血清钾、血浆蛋白、肝功能、肾功能检测等;免疫学方面有酶标试纸、荧光抗体试验、琼脂扩散试验等;生物学方面有各种病原微生物的分离和纯培养、染色体检查、接种动物试验等;病理学方面的有病理剖检、显微检查、超显微检查等;还有血常规、尿常规、粪便检查,各种分泌物(胃肠液、唾液)和呕吐物的检查等。这些辅助检查在某些疾病的诊断中不可缺少,为精确客观地分析疾病本质提供可靠资料,从而提高诊断准确率,减少误诊、误治。有时辅助检查提供最主要的临床诊断证据,如一些肿瘤的良、恶性判断主要靠病理学检查确定。但是,这些种类繁多的辅助检查也有其局限性和误差性,仪器操作和实验进行均由技术人员完成,操作水平不一、试剂纯度不一、工作环境的温度和湿度不一,都会使结果出现偏差,造成假阳性或假阴性。如一 14 岁京巴母犬,近 2 周食欲减退,饮欲增加,腹围明显增大,临床检查体温 38.7℃,精神状态良好,结膜颜色正常,触诊腹部压力大、有水样波动感,主治医生初步诊断为腹水症。犬主人怀疑有子宫积液,进而进行 B 超检查,由于 B 超操作人员经验不足,误诊为是子宫炎症造成积液。给予消炎药和子宫收缩药后,无积液排出,第二天进行手术准备切除子宫,当打开腹腔后流出大量腹水,拉出子宫检查完全正常,子宫内无积液。所以,不能盲目依赖和相信辅助检查结果,只能将其作为参考性的临床诊断资料,综合考虑给出准确判断,避免诊疗失误。

总之,造成诊疗失误的原因很多,在这些纷繁的原因中,如何找到诊疗失误的固有规律,加以避免,从而提高患病动物的治愈率,是宠物医生应该重点关注的问题。

三、兽医诊疗失误导致的后果

兽医诊疗失误不仅造成宠物医院人力、药品的浪费,还会给宠物主人带来一定的经济损失和精神伤害,甚至会造成不良的社会影响,其后果是严重的。

(一)患病动物病情恶化甚至死亡

由于诊疗失误造成患病动物病情恶化,严重者可造成死亡。可分为以下几种情况。

1. 由误诊导致 诊断是治疗的前提,如果发生延误,会错过最佳治疗时机,即使治疗对症也有可能造成病情的恶化;如果由于错误的诊断而使治疗方案也发生错误,则会造成患病动物的病情发生恶化,甚至危害动物生命,造成死亡。例如,某医院来诊病犬烦躁不安、呼吸急促、流涎,经过检查发现此犬心率加快、心音混浊、可视黏膜发绀、呼吸急促、腹部触诊疼痛明显、体温 39.7℃,医生初步诊断为鼠药中毒。确定治疗原则如下:阻止有毒物质继续进入体内,尽快排出已进入体内的毒物,用解毒药物拮抗,消除吸收的毒物,应用解毒药物增强肝脏的解毒功能和肾脏的排泄功能。立即对病犬注射解毒敏、阿托品、呋塞米,并快速大量补液,在补液过程中发现病犬不安、来回翻转、呼吸加快、腹围逐渐增大,进一步做 X 线检查,发现胃内积聚大量气体,膈肌前移,确诊为胃扭转。立即穿刺放出胃内气体,对胃部减压后进行剖腹术,切开胃壁排出胃内容物,并向胃内注入制酵剂松节油,最后将胃与腹壁固定防止复发。术后禁食、禁水 3 天,抗炎补液,营养支持治疗,1 周后病犬痊愈。此病例如果不及时纠正误诊,改变治疗方案,必然导致病犬病情恶化死亡。

2. 由误治导致 如前所述,误治有可能由于误诊造成,这样恶性循环,最终会给治疗带来不良后果。另外,错误的治疗方法还包括其他一些因素,比如有些患病动物同时感染几种病原体,而表现出的临床症状反映出来的疾病可能并不是病因所在,只针对表面现象进行治疗而忽视内在病因,不但病情不会减轻,而且可能进一步加重。如某犬场饲养 36 只萨摩耶犬,近 10 天左右有 20 多只犬出现血便,已出现死亡病例,犬场兽医认为是犬细小病毒感染引起的肠炎,立即按犬细小病毒病进行治疗,结果不仅没有得到控制反而病犬数量不断增加,故请求会诊。会诊专家临床检查发现病犬呕吐、腹泻、粪便带血呈松油状,可视黏膜苍白、贫血,皮肤弹性降低、被毛粗乱无光泽、脱水、精神沉郁。血常规检查红细胞降低、血红蛋白降低、白细胞增高。采用细小病毒胶体金抗原检测试纸条对病犬粪便进行检测,检测结果为阴性,排除犬细小病毒感染,对粪便采用饱和盐水浮集法检查,发现大量钩虫卵。对病死犬剖检后在小肠黏膜上发现大量钩虫成虫,确诊为钩虫感染引起的出血性肠炎。给予口服丙硫苯咪唑,每千克体重 50 毫克,连用 3 天,配合抗炎、止血治疗。1 周后除 2 只体况较差的病犬死亡外,其余病犬全部恢复正常。另外,药物的使用也要严格遵循原则,应该根据不同种动物的年龄、性别、体重、健康状况、免疫力等情况确定给药途径、给药剂量和剂型,还要注意不同药物之间的配伍禁忌。如果给药出现差错,不但会耽误疾病痊愈,而且会加重病情甚至夺取动物的生命。

3. 由治疗和护理不当导致 有些外伤的患病动物需要手术治疗,除了术中需要宠物医生仔细认真地实施手术外,术后还需要宠物主人悉心护理,发现问题及时与主治医生联系。如果此环节出现问题,常常会出现病情恶化加重的现象。如一只肠道内有异物的病犬,由于手术时没有把坏死组织切除干净,手术后宠物主人又护理不当,过早喂食,造成肠管断端吻合处穿孔,腹腔内被大量粪便污染,80％的肠管和肠系膜出现淤血、坏死,肠管吻合处出现穿孔和粘连,手术无法进行,只好对此犬实施安乐死术。

(二)给宠物主人带来经济损失和精神伤害

由于种种原因导致的误诊、误治,最终会延长患病动物的诊治时间,消耗大量的时间、人力和药品,给宠物主人带来本可以避免的经济损失。同时,主人与宠物之间由于长期生活在一起,互相依靠,形成了精神上的依托,宠物患病本身会给主人的精神带来一定的痛苦,在用药、手术、术后护理过程中,主人同样承受着各种身体和精神上的压力,一旦由于误诊、误治导致宠物病情恶化,最终死亡,那么将会给其主人带来巨大的心理打击和精神伤害。

另外,由于误诊、误治而造成宠物病情恶化或死亡,会引起医疗纠纷。虽然造成误诊、误治的因素很复杂,但是宠物主人在不明情况的前提下容易对宠物医生或动物医院产生不满情绪,对诊断和治疗提出这样或那样的疑问,要求赔偿和追究责任,这对宠物医生和医院的声誉也会造成不良影响。

四、分析兽医诊疗失误病例的意义

诊疗失误是兽医临床上普遍存在的一种现象,它不仅耽误医疗进程,影响医疗质量,威胁宠物生命,也是造成医疗纠纷、影响医院声誉、损害宠物主人利益的主要原因。如何在临床上避免诊疗失误的出现,成为近年来兽医临床医学重点关注的问题。临床上只要有诊断和治疗存在,就一定会有诊疗失误发生的可能。造成诊疗失误的原因很多,也很复杂,涉及宠物主人、宠物医生和宠物本身等在内的许多因素。随着兽医相关学科的发展,新的诊断方法、诊断试剂、诊疗手段、诊疗仪器和新型药物等不断出现并应用于临床,但是诊疗失误还是不断出现。说明这些新的诊疗方法、仪器和药物的使用并不能从根本上防止诊疗失误。当前兽医临床针对诊疗失误率没有一个系统性、权威性的统计,但根据笔者多年的临床观察和估计,不会低于40%。通过整理临床上出现的诊疗失误病例,分析原因,归纳总结经验教训,找出诊疗失误的内在规律,不仅能够减轻患病动物的痛苦,减少宠物主人的经济损失和精神伤害,而且还有助于提高宠物医生的诊疗水平,树立宠物医院的自身威信,扩大其在社会上的影响力,带来更加可观的经济效益和社会效益。因此,加强对诊疗失误病例的研究是兽医临床上一项急需解决的任务。

第二章 消化系统疾病诊疗失误病例分析

一、咽炎误诊为颈段食管梗阻

咽炎是咽黏膜、软腭、扁桃体及深层组织炎症的总称。临床上以吞咽障碍、咽部肿胀、流涎、触压时反应敏感为特征。

【病例介绍】 萨摩耶犬,2岁,雄性,体重22千克。

主诉:此犬发病2天,干咳、流涎,起初能吃少量食物,发病前曾喂过鸡骨头,怀疑可能是骨头卡在咽喉部,经检查医生发现此犬体温39.6℃,流涎,吞咽困难,口腔黏膜无损伤,但呼气有臭味,触诊咽部疼痛敏感,无食欲;血常规检查白细胞升高至 26.8×10^9/升,淋巴细胞升高至 6.5×10^9/升,单核细胞 0.9×10^9/升,粒细胞升高至 19.4×10^9/升,红细胞正常;X线检查咽部和食管无明显异物,吞钡后X线检查显示在会咽部近食管交界处有少量钡剂残留,形状与鸡的肋骨相似,医生怀疑是异物梗阻,建议麻醉病犬后将骨头从口腔取出,病犬麻醉后侧卧保定,口腔用开口器打开后,将舌拉出口外,将喉镜放入口中检查会咽部无异物,除咽部肿胀黏膜上有一2～5厘米的炎性增生物,其他无异常。医生将炎性增生物手术摘除,术后禁食、禁水3天,每天给予抗炎药和营养支持治疗,术后3天病犬已能够自主饮食,术后7天病犬状态已恢复正常。

【诊疗失误病例分析与讨论】 原发性咽炎较少见,主要由化学、物理和温热刺激所致,也可继发于口腔感染、扁桃体炎、犬瘟热、流感等。咽炎常表现为采食困难或无食欲、空口吞咽、流涎、呕吐、咽部黏膜充血,咽部触诊敏感性增加,表现为躲闪、摇头、抗拒和恐惧。有时频发咳嗽,体温升高。食管梗阻多为采食中突然发病,病犬躁动不安、流涎、不能采食、吞咽困难,只能饮水或采食流食。插胃管至阻塞部不能前进或有阻塞感,投入硫酸钡后通过 X 线检查可确定阻塞物的性质、形状和位置。导致此病例误诊的原因主要是投入硫酸钡后,硫酸钡残留于炎性增生物上形成了伪影。

二、口鼻瘘误诊为鼻炎

口鼻瘘是指口腔与鼻腔之间形成相通的管道,是由于外伤或其他疾病引起口腔和鼻腔之间的异常贯通。通常由于上颌骨的上颌齿发生牙周疾病,病变由牙冠向牙根部发展,造成牙槽或上颌窦之间骨的溶解,引起口腔与鼻腔垂直的异常贯通,形成口鼻瘘。

【病例介绍】 金毛犬,5 月龄,雌性,体重 15.6 千克。

主诉:此犬发病近 1 周,流脓性鼻液、打喷嚏,食欲、排便均正常,驱虫与免疫按正常程序进行。医生检查后发现此犬体温 39.4℃,右侧鼻孔流脓性鼻液,精神状态无异常。进一步检查可见犬瘟热胶体金抗原试纸检测阴性,X 线检查肺纹理清晰、无异常。医生诊断为鼻炎,给予氨苄西林钠 40 毫克/千克体重、地塞米松 0.2 毫克/千克体重、灭菌注射用水 5 毫升,皮下注射,用 1%高锰酸钾溶液冲洗鼻腔,连续用药 3 天后,病犬症状未得到缓解。再次查看口腔黏膜颜色的时候,发现右侧上颌犬齿松动,牙周出现腐肉,向牙周的腐肉内灌入生理盐水后有部分生理盐水从右侧鼻腔内流出,确诊为口鼻瘘,即与宠物主人沟通后决定手术治疗。麻醉病犬后,消毒口腔,将病变牙齿拔出,将瘘的边缘切开后再清创,剥离瘘边缘的黏膜,使用间断缝合的方法对黏膜进行缝合。术后对病犬留置鼻饲管,通过鼻饲管给病犬饲喂流食,防止口腔污染。口腔喷涂溶菌酶喷剂,每日 5～6 次;给予甲硝唑 10 毫克/千克体重、生理盐水 80 毫升、氨苄青霉素 45 毫克/千克体重,静脉注射,连用 3 天。术后 7 天复查时,伤口恢复良好,术后 9 天复查时伤口完全恢复,拆除缝合线与鼻饲管。

【诊疗失误病例分析与讨论】 口鼻瘘的形成主要是由牙周疾

病引起的，由牙冠向牙根深部发展，造成牙槽或上颌窦之间骨的溶解和外伤。术后并发症（拔牙不当、口腔肿块切除）、放射治疗、口腔异物等也可引起牙龈或硬腭的坏死，从而导致口鼻瘘。口鼻瘘的确诊需对病犬进行全身麻醉后，进行瘘管的探针检查，或将生理盐水注入瘘口后观察生理盐水是否从鼻孔流出，即可确诊。

鼻炎是鼻腔黏膜的炎症，临床上以鼻黏膜充血肿胀、呼吸困难、流鼻液、打喷嚏为主要特征。原发性鼻炎主要由寒冷、机械刺激、化学刺激、过敏等因素引起。也可继发于某些传染病（犬瘟热、副流感、腺病毒二型等），鼻腔周围器官炎症也可蔓延至鼻腔而引起鼻炎，主要依据临床症状即可做出诊断。

三、慢性牙龈炎误诊为慢性口炎

牙龈炎是指牙龈的急性或慢性炎症。以齿龈充血、肿胀为特征，主要表现为流涎，严重时分泌脓性分泌物。口腔内齿龈和口炎复发，采食时表现疼痛，影响饮食。

【病例介绍】 英国短毛猫，3岁，雄性，体重3.8千克。

主诉：近一段时间以来此病猫表现流涎、口臭、无食欲、饮水少、咀嚼困难。医生经过检查发现此病猫流涎、牙关紧闭，口腔黏膜潮红、肿胀、溃疡，皮肤松弛、弹性降低、表现脱水；血常规检查发现白细胞总数升高，粒细胞总数升高，淋巴细胞升高，红细胞升高。医生初步诊断为慢性口炎，决定以补液抗炎、补充B族维生素为原则进行治疗。用药2天后病猫能主动少量采食，用药5天后，口腔黏膜溃疡症状有所缓解，食欲好转，饮水基本正常，医生告诉主人回家后继续口服抗炎药和B族维生素。15天后主人再次带此病猫就诊，主诉症状和上次发病时症状相同，医生经过检查发现病猫前白齿变黑、松动，牙根大半露出，确诊为慢性牙龈炎。经过与动物主人沟通后决定对此病猫实施全口白齿拔除手术。手术后抗菌消炎，营养支持治疗，1周后此病猫恢复正常。

【诊疗失误病例分析与讨论】　口炎症状为咀嚼困难、缓慢或不咀嚼,流涎,口腔黏膜潮红、肿胀乃至出现水疱、溃疡和坏疽。患病动物常抓挠口腔,检查时口腔敏感,口温升高,呼出气体有异味,有时有恶臭味。牙龈炎的初期症状为牙龈边缘出血、肿胀、似海绵状、脆弱、易出血,严重时并发口炎,表现流涎、咀嚼困难、口腔黏膜溃疡、牙龈萎缩、牙根大半露出、牙齿松动,也会表现口腔异味。这两种疾病在症状上有相似之处,但也有明显的区别,只要经过仔细的检查,不难做出确诊。

四、胃内异物误诊为胃肠炎

胃内异物是指动物误食难以消化的异物并滞留于胃内。营养不良、维生素和矿物质缺乏、寄生虫病、胰腺疾病以及有异食癖的动物均可发生本病。多见于小型犬、幼犬和幼猫。

【病例介绍】　萨摩耶犬,8 月龄,雌性,体重 17 千克。

首诊医院接诊主诉:发病 2 天,第一天腹泻,排少量稀便,呕吐;第二天呕吐 4～5 次,排 2 次黏便,做过免疫,未用过药。首诊医生检查后发现此病犬体温 39.6℃,结膜潮红,呼吸稍快,皮肤松弛、脱水;触诊腹壁紧张;犬瘟热病毒检测阴性、犬细小病毒检测阴性;血常规检查白细胞总数为 22.8×10^9/升,粒细胞总数为 19.9×10^9/升,其他项目正常;X线检查消化道内无明显异物显影。首诊医院医生根据以上情况,即确诊为急性胃肠炎。进行补液、抗感染治疗,2 天后腹泻缓解,但呕吐不止,主人将此犬转院治疗。

转诊医院医生检查后发现病犬体温 39.2℃,结膜略显发绀,心率快、第一心音增强,肠蠕动音减弱,触诊腹部有痛感。经与主人沟通后做进一步检查。血常规检查见白细胞总数为 27.9×10^9/升,粒细胞总数为 25.6×10^9/升,表现为急性炎症;血糖正常,胰淀粉酶正常,胰脂肪酶正常,排除胰腺炎;犬瘟热病毒检测阴性、犬细小病毒检测阴性,排除传染病;粪检结果虫卵阴性,排除寄生虫感染;X线检查胃内可见 2 块异物显影。确诊为胃内异物,转诊医院医生与主人沟通后决定手术治疗。术前补液,纠正酸碱平衡,抗炎、营养支持治疗。手术取出胃内异物,术后禁食、禁水 3 天,3天后给予少量流食,状态好转。术后 7 天食欲恢复正常,继续饲喂流食,术后第九天拆除缝合线,病犬状态完全恢复正常。

【诊疗失误病例分析与讨论】 此病例误诊是由于初诊医院医生对 X 线机操作不熟练,导致曝光条件不当,显影时间过长,从而使整个 X 线摄片显影发暗而看不清胃内的异物显影。此病犬虽然最后恢复正常,但延误了 2 天的治疗时间,导致宠物主人对初诊医院强烈的不满情绪,给初诊医院造成了极大的负面影响。

五、胃扭转误诊为鼠药中毒

胃扭转是胃幽门部从右侧转向左侧,导致食物后送功能障碍的疾病。本病多发于大型、深胸犬,雄犬比雌犬多发。

【病例介绍】 金毛犬,7 月龄,雄性,体重 32 千克。

主诉:犬主下午遛犬回家后发现此病犬烦躁不安、呼吸急促、流涎,进而就诊。医生经过检查发现此犬心率加快、心音混浊、可视黏膜发绀、呼吸急促、流涎、腹部触诊疼痛明显、体温 39.7℃,初步诊断为鼠药中毒。确定治疗原则为阻止有毒物质继续进入体内,尽快排出已进入体内的毒物,用解毒药物拮抗,消除已吸收的毒物,应用解毒药物增强肝脏的解毒功能和肾脏的排泄功能。立即对病犬注射解毒敏、阿托品、呋塞米,并快速大量补液,在补液过程中发现病犬不安、来回翻转、呼吸加快、腹围逐渐增大。进一步进行 X 线检查,见胃内积聚大量气体,膈肌前移,确诊为胃扭转。立即穿刺放出胃内气体,对胃部减压后进行剖腹术。切开胃壁排出胃内容物,并向胃内注入制酵剂松节油,最后将胃与腹壁固定防止复发,同时施行脾脏切除术。术后禁食、禁水 3 天,抗炎补液,营养支持治疗。

【诊疗失误病例分析与讨论】 犬胃扭转是由于犬的幽门部移动性较大,当采食大量食物时,胃内容物过度充满,可使胃肝韧带和胃十二指肠韧带松弛或断裂,此时剧烈运动极易发生胃扭转。胃扭转多是幽门部从右侧转向左侧,幽门被挤压于肝脏、食管末端和胃底间,可使贲门和幽门发生阻塞,胃、脾血液循环障碍,产生急性胃扩张症状,特点是发病急、病情恶化快、死亡率高。

中毒是由于动物采食或误食有毒的食物或异物后发病。有毒物质侵害机体的组织器官,并能在组织和器官内发生化学或物理学作用,破坏机体正常生理功能。常见症状为呕吐腹泻、流涎、呼吸急促、心率加速、可视黏膜潮红或发绀,体温降低、正常或升高,甚至伴有神经症状。

六、肠梗阻手术失误后肠管断端吻合处穿孔

【病例介绍】 斑点犬,1岁,雌性,体重18千克。

主诉:发病已2天,呕吐、不食,2天未排便,6个月前做过绝育手术,做过免疫。经检查后发现此病犬体温39.9℃、心率稍快、呼吸稍快、肠蠕动音不清晰、弓腰拱背、腹壁紧张、触诊腹部痛感明显。血常规检查发现白细胞总数为30.6×10^9/升,粒细胞总数为26.7×10^9/升,其他项目正常,为急性炎症表现。犬瘟热病毒检测阴性,犬细小病毒检测阴性,排除传染病感染的可能。空腹X线检查无明显异物,钡餐30分钟后,X线检查空肠至回肠有一8~10厘米的异物显影,确诊为肠管异物。医生准备手术治疗,术前补液抗炎,剖腹后在空肠和回肠交界处发现一烧烤用的竹签,且竹签的尖端已将肠管刺破,造成肠管穿孔,10厘米左右肠管出现淤血、坏死。医生取出竹签后决定切除坏死肠管,进行肠管断端吻合,缝合肠管后关腹。术后禁食、禁水3天,每天抗炎补液、营养支持治疗,3天后给予少量流食。

术后第一天,病犬体温39.6℃,未呕吐、未排便、有食欲,心率

正常、呼吸正常、精神状态好转,白细胞总数 $32.5×10^9$/升,粒细胞总数 $28.2×10^9$/升,其他正常。触诊腹部无明显痛感,医生常规用药。

术后第二天,病犬体温 39.3℃,未呕吐、排少量黏便、有食欲,心率、呼吸正常、精神状态正常,常规用药。

术后第三天,于前一天晚上状况恶化,病犬表现精神委靡、腹壁紧张,排 2 次稀便,无食欲。体温 40.2℃,肚腹胀满,触诊腹中部有一拳头大小的硬块。血常规检查白细胞总数 $46.7×10^9$/升,粒细胞总数 $43.2×10^9$/升。钡餐 45 分钟后 X 线检查见大网膜钡剂显影,盆腔钡剂显影,确诊为肠管断端吻合处穿孔。

征得主人同意后进行二次手术,剖腹后,腹腔内积聚大量粪便,80%的肠管和肠系膜出现淤血、坏死,肠管吻合处出现穿孔和粘连,手术无法进行,对此犬实施安乐死术。

【诊疗失误病例分析与讨论】 这是一起完全由于手术失误造成的诊疗失败。术者在切除肠管时未完全将淤血肠管切除,保留了 2 厘米左右的淤血肠管,为术后肠管穿孔埋下了隐患。另外,术者在切除肠管时没有对切除肠管相对应的肠系膜进行 V 形或扇形切除,而是不规则地摘除了大量的肠系膜,后将保留的肠系膜进行了连续缝合,导致保留的肠系膜过于紧张,从而抑制了肠管的蠕动,进一步导致大部分肠管淤血、坏死的发生。

七、胰腺炎误诊为胃肠炎

胰腺炎是胰腺因胰蛋白酶的自身消化作用失常而引起的疾病。胰腺表现水肿、充血或出血、坏死,临床上出现腹痛、腹胀、恶心、呕吐、发热等症状。化验血液和尿液中淀粉酶含量升高。本病可分为急性型和慢性型 2 种。

【病例介绍】 雪纳瑞犬,2 岁,雌性,体重 6.7 千克。

主诉:发病 1 天,呕吐、腹泻,且以前每间隔 1~2 天就会发生呕吐,服用抗炎药和止吐药后就恢复正常。发病前曾喂过羊肉串和鸡骨架,免疫完全,做过驱虫。临床检查见体温为 39.6℃,结膜潮红、腹壁紧张、心率快(150 次/分)、呼吸急促、流涎、肠蠕动音增强;犬瘟热病毒检测阴性,犬细小病毒检测阴性;血常规检查白细胞总数 20.9×10^9/升,粒细胞总数 18.6×10^9/升,其他正常;X 线检查消化道无明显异物显影,医生初步诊断为急性胃肠炎。按胃肠炎输液治疗,给予 5%糖盐水和头孢拉定抗炎,氨基酸和脂肪乳营养支持治疗。2 天后此犬病情加重,处于休克状态,结膜发绀,尿量减少且尿色黄,心率极速。医生对此犬进一步做血清生化检查,发现血糖 16.6 毫摩/升,淀粉酶 3 600 单位/升,脂肪酶 1 220 单位/升,甘油三酯 1.65 毫摩/升,肌酐 327 微摩/升,尿素氮 11.6 毫摩/升,血钙 2.86 毫摩/升,血磷 2.19 毫摩/升;血常规检查白细胞总数 36.7×10^9/升,粒细胞总数 28.9×10^9/升,红细胞总数 4.15×10^9/升。确诊为急性胰腺炎合并肾衰竭,给予胰岛素降血糖,镇痛、纠正酸中毒、利尿、抗炎、补液,但 1 天后此犬死亡。

【诊疗失误病例分析与讨论】 由于此犬近一段时间经常呕吐,且用药后即得到缓解,所表现症状与胃肠炎症状相似,医生未及时做实验室检查。在按胃肠炎治疗期间,通过静脉给予了大量的葡萄糖和脂肪乳,病情没有好转,由于漏诊延误治疗最佳时机,使病情进一步恶化。

急性胰腺炎的诊断可通过实验室检查确诊。血常规检测白细胞增多,中性粒细胞比例增大,核左移,血清淀粉酶或脂肪酶浓度增高,胰蛋白酶活性下降,血液中尿素氮增多,尿液中有蛋白和管型。其中淀粉酶的检测具有很重要的诊断意义。血清淀粉酶活性升高见于胰腺炎、肾功能不全等。临床上与胃肠梗阻、胃肠炎等症状相似,但通过 X 线或 B 超检查可排除胃肠梗阻。诊断胰腺炎的同时要进行尿液中葡萄糖的检测,只要不发生糖尿病,则预后良好。在内分泌功能减退时,多预后不良,可试用胰岛素治疗。

急性胰腺炎治疗时,最好禁食以减少胰腺分泌。可采用镇痛剂(盐酸哌替啶、镇痛新等),以缓解疼痛和抗休克,同时使用电解质液以使降低的血容积、血压和肾功能恢复正常,调整酸碱平衡和维持营养,给予阿托品抑制胰腺分泌,选用抗生素以制止坏死组织的继发感染。慢性胰腺炎建议给予高蛋白质、高碳水化合物、低脂肪饮食或用胰蛋白酶混饲。

八、犬直肠粪石阻塞误诊为胃肠炎

犬直肠粪结石的形成可能因年龄较大,回盲口松弛,从回肠和结肠经过的粪便进入直肠,逐渐积多,当粪便在结肠和直肠内蓄积过多时,会压迫肠管而引起肠管不完全梗阻或完全梗阻。X线检查可见结石密度较高且有明显的层次之分。

【病例介绍】 博美犬,5岁,雌性,体重3.5千克。

主诉:呕吐3天、不食、偶尔喝水、8天未排便。在某宠物诊所医生初步诊断为胃肠炎,用过甲氧氯普胺(胃复安)、地塞米松、西咪替丁、复方氯化钠注射液、5%葡萄糖注射液、头孢曲松钠、维生素C、维生素B_6,治疗2天症状未得到缓解,继续呕吐,精神状态越来越差,进而转院治疗,同时带来一张初诊诊所拍摄的胃部X线摄片,该摄片显示胃部无明显异物。临床检查体温39.3℃,结膜潮红、脱水、肠蠕动音不明显、呼吸快,频繁表现努责姿势,触诊腹部感觉后段肠管有一硬块。X线检查显示直肠前段有一高密度显影,确诊为肠梗阻。血常规检查白细胞总数$25.8×10^9$/升,粒细胞总数$19.6×10^9$/升,红细胞总数$8.20×10^9$/升,其他正常。建议先给病犬补液,纠正脱水,抗炎、营养支持治疗后进行手术治疗。给予乳酸林格氏液、5%葡萄糖注射液、头孢曲松钠、5%糖盐水、犬血白蛋白,输液后进行手术治疗。

手术方法:病犬麻醉后仰卧保定,术部剃毛,常规消毒,脐后腹中线切口止于耻骨联合,找到粪结石梗阻的直肠部位。将梗阻的肠管牵拉至切口外,无菌纱布隔离,肠管纵向切口取出直肠内的粪结石。缝合肠管后检查其他肠管和腹腔脏器，无异常后关闭腹腔。术后给予抗炎药和营养支持治疗，术后禁食、禁水 3 天，3 天后给予少量流食，7 天拆线时此犬食欲、排便已恢复正常。

【诊疗失误病例分析与讨论】 直肠粪结石与胃肠炎在症状上有所区分，胃肠炎多表现为呕吐、腹泻、发热，通过抗菌消炎、止吐补液等治疗措施其症状很快会得到缓解。直肠粪结石属于肠梗阻，多表现为呕吐，有排便姿势但无粪便排出，通过触诊可检查到肠管有异物包块，有时不易与粪球区别，可借助于 X 线检查进行确诊。

粪结石的治疗可采用直肠灌肠的方法和手术治疗的方法，手术治疗还是比较安全的。

导致本病例误诊的原因是由于在诊断过程中对临床症状未做对比分析，触诊检查不仔细，只触诊了胃肠前部，犬主带来的 X 线摄片也只拍摄了胃部和肠管前段的情况，未做肠管后段摄影。若再拍摄一张肠管后段的 X 线摄片就不难做出确诊。本病例在临床上还应与肠变位、肠痉挛、胰腺炎等病进行鉴别诊断。

九、猫巨结肠症误诊为慢性胃炎

巨结肠症是指由于先天或后天的原因导致粪便蓄积和结肠扩张而发生的持续性便秘。猫巨结肠症主要是由于结肠平滑肌功能障碍引起的结肠扩张和粪便蓄积。

【病例介绍】 狸猫，3 岁，雌性，体重 3.5 千克。

主诉：此猫 1 个多月前发病，起初呕吐、不排便，1 周前在家附近的一所宠物医院检查后，按猫慢性胃炎治疗。曾使用过维生素 B_1、甲氧氯普胺、氨苄西林钠、地塞米松等药物，用药 3 天后不见好转。医生怀疑是肠梗阻，X 线检查发现结肠、直肠肠管肥大，肠管内充满一节节的密度较高的梭形影像，诊断为巨结肠症。随后一直采用开塞露灌肠的方法促使排便。但持续使用开塞露 2 周后，即便使用软皂液灌肠也仅能排出少量粪水,结肠内大量的粪球坚硬如石,不能软化,后来灌肠基本无任何作用。接下来此猫不但呕吐、便秘,而且出现流涎、拒食,主人决定转诊。值班医生经过触诊和 X 线检查后,确诊为巨结肠症,由于此猫体况较差,在权衡利弊后,决定实施巨结肠切除手术。

手术方法:用阿托品 0.04 毫克/千克体重肌内注射,作为麻醉前给药。10 分钟后,用丙泊酚 6 毫克/千克体重做诱导麻醉,使用气管插管连接呼吸麻醉机,异氟醚做维持麻醉。病猫仰卧保定,术部常规消毒。腹中线切口起于脐下、止于耻骨联合,将巨结肠牵拉至腹腔外,垫上隔离纱布将结肠与腹腔切口隔离。将粪便向结肠中段推移,在预定切除肠管处使用肠钳钳夹,双重结扎结肠动、静脉,在回盲口后以 45°角剪断结肠前段,结扎出血点。随后在骨盆腔入口前以 45°角剪断结肠后段。回盲口段结肠与骨盆腔处结肠做断端吻合术。术后抗炎补液,禁食、禁水 3 天,后饲喂流食。7 天拆线时此猫已能自主排便,15 天后电话回访,除排便黏外,均已正常。

【诊疗失误病例分析与讨论】 猫慢性胃炎多呈慢性经过,表现食欲不振、经常发生间歇性呕吐,呕吐物中有时混有猫毛,偶尔伴有腹泻,一般不影响排便。

巨结肠症据报道认为主要是遗传性因素和结肠的神经节缺损引起的,多发于猫。巨结肠症应是整段结肠和部分直肠的阻塞,腹部触诊时可触到肥大的结肠内充满粪便。而其他类型的阻塞,可在腹壁触诊到其他肠管内充满肠内容物或异物。有条件的可以做 X 线检查进一步确诊。

十、犬肠梗阻误诊为胰腺炎

肠梗阻是指肠腔的物理性和功能性阻塞,使肠内容物不能顺利下行,临床上以剧烈绞痛和全身症状为特征。根据梗阻程度,可分为完全梗阻和不完全梗阻。犬、猫梗阻发病部位主要为小肠,小肠发生机械性阻塞,正常生理位置发生不可逆变化如套叠、嵌顿、扭转等。小肠梗阻不但使肠腔不通,而且伴随局部血液循环障碍致使动物发生剧烈腹痛、呕吐、休克等变化,若不及时治疗死亡率很高。

【病例介绍】 腊肠犬,8岁,雌性,体重8.7千克。

主诉:该犬发病4天,表现呕吐,曾在其他医院治疗过3天,诊断为胰腺炎。用药治疗3天不见好转进而转院治疗。医生经过问诊发现此犬4天未排便,呕吐物呈黄绿色。临床检查体温39.3℃、心率稍快、肠蠕动减弱、口腔有恶臭气味、结膜潮红、眼窝深陷、皮肤松弛,腹壁紧张、触诊痛感明显。血常规检查发现白细胞总数升高至33.6×10^9/升、淋巴细胞升高至10.5×10^9/升、粒细胞总数升高至21.5×10^9/升、红细胞8.9×10^{12}/升,提示急性炎症。X线空腹摄影可见胃部、十二指肠、空肠蓄积大量气体,结肠、直肠蓄积少量粪便。X线钡餐45分钟后摄影,胃部存留大量钡剂,钡剂未通过幽门到达十二指肠,存留于胃内,诊断为肠梗阻。建议手术治疗,术前生化检测,除肌酐偏高外其他项目均正常。术前用药,纠正酸碱平衡、电解质平衡,补液、抗炎营养支持治疗。手术中在空肠、回肠交界处取出1颗直径约1.5厘米的榛子。

术后第二天此犬即排便,术后抗炎补液、营养支持治疗,用药5天,禁食、禁水3天,3天后给予少量流食,术后8天拆除缝合线,病犬康复正常。

【诊疗失误病例分析与讨论】 肠梗阻是由于异物、寄生虫等突然阻塞肠腔所致,也可由于肠管粘连、肠套叠、肠扭转、肠狭窄或肠腔内新生物、肿瘤肉芽等致使肠腔狭窄所引起。临床上表现腹痛、呕吐,呕吐物的性状和呕吐时间依阻塞部位和程度不同而异。不完全阻塞的仅在采食固体食物时发生呕吐,此时饮欲亢进,由于呕吐时吸入空气,胃肠内产生气体和分泌亢进等,使腹围膨胀和脱水。肠蠕动音先高亢进而减弱,排出煤焦油样腹泻便,以后排便停止。阻塞和狭窄部位的肠管充血、淤血，坏死或穿孔时可表现腹痛，X线检查阻塞前部血管扩张，有特征性气体像，投入钡剂后肠道造影可确定阻塞部位。

胰腺炎的临床特征为消化不良综合征。急性病例有严重的呕吐和明显腹痛、厌食、精神沉郁、伴有腹泻、粪中带血。严重者出现昏迷或休克、消化不良或异常亢进、生长停滞、明显消瘦。排粪量增加，粪便中含有大量脂肪和蛋白质。慢性胰腺炎的特征是反复发作、持续性呕吐和腹痛，常规症状是不断地排出大量橙黄色和黏土色带酸臭味的粪便，粪便中含有未消化的食物。对急性胰腺炎可检查尿液中的淀粉酶活性，亦可使用 cPLI 试验，后者准确率高，结果获得方便快速。急性胰腺炎血液检验可见白细胞总数增多，中性粒细胞比例增高，血清淀粉酶和脂肪酶活性增高，血尿素氮增高，尿液中还有蛋白和管型。严重胰腺炎可波及周围器官，形成腹水，腹水中含有淀粉酶，对胰腺炎具有诊断意义。动物出现高脂血症时也可作为诊断参考依据。诊断时应注意与急性肾衰或小肠梗阻相区别。动物有急性腹痛时可排除肾衰。应用 X线检查，胰腺炎左右腹上部密度增加，据此可与肠梗阻区别开来。

十一、食管梗阻误诊为胃炎

食管梗阻是指食管被食物或异物所阻塞，临床上以突然发病和吞咽障碍为特征。根据异物阻塞的程度可分为完全阻塞和不完全阻塞。最容易发生食管梗阻的部位是食管的胸腔入口处、心底部和食管裂孔处。犬的食管梗阻发生率约比猫多 6 倍。

【病例介绍】 京巴犬，13 岁，雄性，体重 5.6 千克。

主诉：此犬发病 4 天，进食后 10 分钟就发生呕吐，但饮水后不呕吐，排便正常。发病前曾吃过鸡脖。按胃炎治疗过 3 天，用药为爱茂尔、西咪替丁、氨苄西林钠、地塞米松，每日 1 次，连续用药 3 天。此犬病情不见好转，且体况有所下降。转院就诊，值班医生经检查发现此犬体温 38.1℃、心率稍快、呼吸基本正常、结膜潮红、食欲异常亢奋。喂食火腿后 15 分钟左右即发生呕吐,饮水正常、不吐,进一步做 X 线检查发现胸段食管心底部有一高密度显影,性状与鸡颈椎骨相似,确诊为食管异物阻塞。

经与动物主人沟通后决定采取手术治疗。术前血常规检查白细胞总数 $22.8×10^9/$升,淋巴细胞总数 $3.5×10^9/$升,粒细胞总数 $16.5×10^9/$升,单核细胞总数 $2.8×10^9/$升,红细胞总数 $7.9×10^9/$升。术前给予抗炎药、止血药。手术通路在脐前开口,胃切开后从胃内将一细的塑料导尿管由贲门插入,直至口腔,再将一双腔导尿管引导至胃内,通过双腔导尿管冲入适量生理盐水后,沿食管轻轻向口腔推拉,将骨头从食管推向口腔后取出。术后禁食、禁水 3 天,3 天后给予适量流食,1 周后拆线时此犬已基本恢复正常。

【诊疗失误病例分析与讨论】 食管不完全梗阻时动物有不明显的骚动不安、呕吐和吞咽动作,摄食缓慢、吞咽小心,仅液体能通过食管入胃,固体食物则往往被呕吐出来,有疼痛表现。食管完全梗阻和被尖锐或穿孔性异物阻塞时,患病动物则完全拒食、高度不安、头颈伸直、大量流涎、出现硬咽动作、吐出带泡沫的黏液和血液、常用四肢搔抓颈部。呕吐物吸入气管时,可刺激上呼吸道出现咳嗽。锐利异物可造成食管壁裂伤。梗阻时间长的因压迫食管壁发生坏死和穿孔时,呈急性症状,患病动物表现高热,伴发局限性胸膜炎、脓胸、脓气胸等,多取死亡转归。颈部食管梗阻时,可通过触诊感知,投胃管插至梗阻部不能前进或有阻碍感,可初步确诊。X 线检查通过投入硫酸钡摄影,可确定阻塞物的性质、形状和位置。

胃炎主要表现呕吐和腹痛,呕吐初期吐出物为未充分消化的食物,以后则为泡沫状黏液和胃液,呕吐物中有时混有血液,有黄绿色胆汁或胃黏膜脱落物。患病动物食欲不振或废绝,饮欲增加,大量饮水后很快发生呕吐,而且加剧。触诊时表现腹部紧张和胃部敏感,严重呕吐会引发腹水和电解质紊乱。

十二、犬直肠憩室误诊为会阴疝

直肠憩室一般是由先天性或后天性因素造成直肠壁部分扩张而形成的,因憩室内滞留粪便而持续产生排便感。

【病例介绍】 西施犬,9岁,雄性,体重4.8千克。

主诉:近一段时间,犬肛门右侧有一个鼓包,不痛不痒,摸到鼓包处感觉时软时硬,饮食正常,但总表现排便动作,每次能排出少量粪便。经检查体温38.6℃,心率97次/分,呼吸平稳,行走姿势基本正常,触诊局部无热痛感、略软,疑为会阴疝。于是麻醉后,手术切开对疝孔进行修复,但在切口打开时,发现直肠内充满粪便,由肠黏膜和浆膜形成憩室,当即确诊为直肠憩室。于是对患病犬直肠壁做纵向椭圆形切除,然后分层缝合,闭锁肠管,术后禁食、禁水3天,给予抗炎和营养支持治疗,3天后给予流食,7天后拆线时此病犬已基本恢复正常。

【诊疗失误病例分析与讨论】 犬直肠憩室是直肠黏膜层因肠道内压力长期过高而被压入肠壁下的结缔组织中而形成的,是一种空腔器官壁局部向外膨出形成的囊状突出性疾病。直肠憩室一般在老年雄性犬中多发,主要发生在直肠后部,多为单侧发生。主要表现为努责和里急后重,当并发会阴疝时,有的憩室可进入疝内,憩室内滞留粪便,可发展为憩室炎和直肠坏死。

会阴疝的形成主要是当腹腔压力增高时,盆腔和一些腹腔脏器在压力下撕裂老龄犬松弛的盆腔组织,经肛门外括约肌和肛外提肌之间脱至会阴皮下,形成会阴疝。会阴疝有时单侧发生,也有时双侧同时发生,母犬极少发生。临床症状以排便困难、分数次不能排净,粪便细长,里急后重,肿胀部位一般位于肛门的外下侧方,有时双侧发生,疝内容物有盆腔内的脂肪组织、大网膜、小肠、膀胱、前列腺、积液等。

导致本病例误诊的原因主要是对会阴部的局部解剖结构不熟

悉,认为会阴部出现的鼓包就是会阴疝,若在术前进行直检,用手指插入直肠进一步检查,可触摸到直肠憩室,就不会造成误诊的发生。

十三、犬直肠黏膜破裂误诊为肠炎

直肠黏膜破裂多是由于异物或直检操作不当导致的直肠黏膜损伤,临床表现血便、里急后重,严重感染时可导致直肠黏膜坏死、穿孔,最后因败血症而死亡。

【病例介绍】 杜宾犬,8 月龄,雄性,体重 25 千克。

主诉:此犬在晚 6 时左右排便,便成形,表面附有少量鲜血,随后开始腹泻,但排便量少,粪便中含血量多,而且大多是鲜血。经检查,此犬体温、脉搏正常,呼吸稍快,有饮欲、食欲。血常规检查白细胞总数升高至 18.9×10^9/升,淋巴细胞正常,粒细胞总数升高至 15.5×10^9/升,红细胞正常,血小板正常,初步诊断为肠炎。皮下注射止血敏 0.5 克、安络血 10 毫克,静脉注射甲硝唑 250 毫克、5%糖盐水 250 毫升、阿米卡星 0.5 克、654-2 5 毫克,每日早、晚各用药 1次,连续用药 2 天后病情不见好转,体温升高至 40℃,精神沉郁、弓腰拱背、腹壁紧张、痛感明显、结膜潮红、心率加快(160 次/分)、频频努责、痛感明显、排脓性血便且便味腥臭。血常规检查白细胞总数升高至 37.6×10^9/升,粒细胞总数升高至 31.8×10^9/升。直肠检查发现直肠内有一硬物,确诊为异物性直肠破裂,与犬主沟通后进行剖腹探察手术。

病犬麻醉后仰卧保定,术部剃毛消毒,创巾隔离,脐后腹中线切口显露直肠后,纱布隔离。从直肠拔出异物,将坏死的直肠部分做纵行椭圆形切除后分层缝合肠管,常规闭合腹腔。术后给予大剂量抗炎药控制感染。术后禁食、禁水 3 天,之后给予流食,1 周后拆除缝合线,病犬恢复正常。

【诊疗失误病例分析与讨论】 肠炎是指肠黏膜的急性或慢性

炎症,通常由某些细菌、病毒、寄生虫、真菌引起。病初多以肠卡他症状出现,粪便带有黏液或为软便,当炎症波及黏膜下组织时,粪便呈水样,并有臭味,十二指肠有炎症时可出现呕吐症状。当肠黏膜有损伤出血时,粪便呈番茄酱色,并有腥臭味,里急后重,重症犬可见肛门失禁。肠道前段出血时排咖啡色或暗紫色血便,肠道后段出血排鲜红色血便,直肠黏膜破裂出血属于肠道后段出血,故呈鲜红色。导致本病例误诊的主要原因是检查不细致、不全面,发现便血未做直肠检查以排除其他可能导致肠道出血的疾病。在肠道出血时有条件的医院还可以做肠道内窥镜检查,使诊断更加完善、准确。

十四、猫脂肪肝误诊为胃肠炎

猫脂肪肝也称为猫肝脏脂肪沉积综合征。这种疾病是猫特有的,并且是猫最常见的一种肝脏疾病之一。典型的猫脂肪肝症状是发病前一段时间不吃食物,若猫在开始不食前比较肥胖,出现脂肪肝的概率就非常高。对于不食的猫,机体会分解脂肪来提供能量,但脂肪会迅速积聚在肝脏内,由于不食,缺乏蛋白质和必需氨基酸的摄入,肝细胞合成脂蛋白受阻,导致不能利用脂肪。脂肪沉积在肝细胞周围,导致肝脏衰竭。猫通常会表现黄疸,眼结膜和皮肤变黄。当出现黄疸时若不积极主动治疗,往往会导致死亡。

【病例介绍】 狸花猫,2岁,雄性,体重4.3千克。

主诉:此猫近一段时间不爱吃食,偶尔呕吐,表现流涎、排便减少、伴有腹泻,宠物主人感觉此猫好像消化不良,在家给其喂过健胃消食片、阿莫西林。经医生检查后发现此猫体温39.6℃、流涎、被毛蓬乱、皮肤弹性降低、处于脱水状态,初步诊断为胃肠炎。补液用乳酸林格氏液和5%葡萄糖注射液50毫升静脉注射,静脉注射生理盐水40毫升、氨苄西林钠0.3克、地塞米松1毫克,皮下注射甲氧氯普胺3毫克,每日1次,连续用药3天后病情不见好转,医生在检查病猫时发现可视黏膜黄染，告诉宠物主人可能是肝脏有病变，建议进一步做肝功能检查和 B 超检查。由于检查和治疗费用超出宠物主人的承受范围，宠物主人要求对病猫实施安乐死术。安乐死后对病猫进行剖检，发现黏膜、皮下结缔组织黄染，肝脏肿大、边缘质脆且易碎、切面呈黄红相间，确诊为猫脂肪肝。

【诊疗失误病例分析与讨论】 猫脂肪肝的主要症状为食欲废绝、四肢无力、中度至重度脱水、全身黄疸、有呕吐和腹泻症状，严重病例出现肝性脑病和神经症状。血常规检查一般可见到轻度的非再生障碍性贫血、白细胞总数升高、粒细胞总数升高。血清生化检测可发现碱性磷酸酶（ALKP）显著升高，呈高胆红素血症。丙氨酸氨基转移酶和天门冬氨酸氨基转移酶通常也增高，但增高程度较碱性磷酸酶要小得多，γ-谷氨酰转肽酶（GGT）一般正常或轻度增高。严重的猫脂肪肝病例会出现肝衰症状，包括低血清总蛋白（TP）降低、血糖（GLU）降低、血清尿素氮（BUN）降低、胆固醇（CHOL）降低，若出现胆固醇降低则预示预后不良。当出现严重肌肉萎缩时尿酸激酶（CK）会增高。尿检可见到胆红素尿。腹部触诊可发现肝脏钝圆、肿大，B 超检查可见肝脏回声弥散性增强，并表现呕吐、食欲减退或废绝，排便一般无明显变化，血常规检查白细胞升高、粒细胞升高。

胃肠炎与脂肪肝最大的区别是胃肠炎不会引起黄染，血清生化检测磷性磷酸酶、天门冬氨酸氨基转移酶、丙氨酸氨基转移酶等各项指标一般无明显升高或降低，B 超检查肝脏回声基本无变化，只要经细致检查一般不会发生误诊。

十五、犬肠痉挛误诊为有机磷农药中毒

犬肠痉挛是由于肠壁肌肉强烈收缩引起的阵发性腹痛。临床上主要以肠音高朗和间歇性腹痛为主要特征。

【病例介绍】 吉娃娃犬，3 岁，雄性，体重 3.5 千克。

主诉:早晨遛犬时发现此犬弓腰拱背、呼吸急促、腹壁紧张。经检查发现此犬体温 38.1℃,呼吸急促,腹壁肌肉紧张并伴有阵发性挛缩,肠蠕动音增强并带有雷鸣音,间歇性腹痛,心率极速(约150 次/分)。由于发病急、病程短,医生诊断为有机磷农药引起的中毒。皮下注射 10%解毒敏 5 毫克/千克体重、阿托品 0.1 毫克/千克体重,静脉注射 10%葡萄糖注射液 100 毫升、维生素 C 0.125克,肌内注射阿莫西林克拉维酸钾 25 毫克/千克体重。在输液过程中医生与宠物主人聊天时得知此犬早晨出门前在家里阳台喝过冰水,吃过前一天晚上的剩饭。进一步做血液胆碱酯酶活性简易测定,检验结果无变化,排除了有机磷农药中毒。在用阿托品 30分钟后病犬腹痛症状有所缓解,有食欲并能吃少量食物,精神状态有所好转。第二天复诊时,主诉下午又发生 2 次腹痛,但症状较之前轻微。医生按肠痉挛用药治疗,皮下注射阿托品 0.12 毫克/千克体重、安痛定 8 毫克/千克体重、氨苄青霉素 50 毫克/千克体重,连续用药 3 天后,病犬状况基本恢复正常。

【诊疗失误病例分析与讨论】 有机磷农药中毒是指动物接触、吸入或误食某种有机磷农药所致的中毒性疾病,以体内胆碱酯酶失活和乙酰胆碱积蓄为毒理学基础,以胆碱能神经效应为临床特征。主要临床症状的严重程度与有机磷农药的毒性、摄入量、染毒途径以及机体状态有密切联系。大多数中毒动物呈急性经过,于染毒后 0.5 小时至数小时发病。口腔湿润或流涎、食欲减退或废绝、腹痛不安、肠音高朗、排水样便或排便失禁,严重的出现神经症状,瞳孔缩小,肌肉痉挛,重则抽搐,常出现侧弓反张和角弓反张。

肠痉挛表现为间歇性中度或剧烈腹痛,发作时起卧不安、倒地滚转、持续数分钟,间歇期照常采食、饮水,似无痛,间隔一段时间腹痛再次发作。肠音增强,有时带有金属音调,排便次数增多,便稀带水。

导致本病例误诊的主要原因是医生只考虑到病犬的症状与有

机磷农药中毒的症状相似,且发病前外出过,可能会接触到某些毒物或毒饵,医生与犬主人沟通少,问诊不够详细,没有了解到病犬发病前曾喝过冰水,也没有及时去做血液胆碱酯酶活性测定以排除有机磷农药中毒的可能性。

十六、结肠积液误诊为子宫蓄脓

结肠积液是由于结肠的慢性炎症刺激肠黏膜引起结肠反向蠕动,导致结肠内容物残留于回盲部形成积液。

【病例介绍】 异国短毛猫,雌性,5岁,体重3.7千克。

主诉:前一段时间发情后,不爱吃食,饮水量也减少,运动量下降,未做绝育手术。医生检查发现此猫体温38.3℃,呼吸正常,心率稍快,皮肤松弛、弹性降低、回缩时间延长,表现脱水。血常规检查白细胞总数升高至22.5×10^9/升,淋巴细胞总数3.6×10^9/升,单核细胞总数1.2×10^9/升,粒细胞总数升高至17.7×10^9/升。由于是发情后发病,且血常规检查表现急性炎症,医生怀疑为子宫蓄脓。X线检查见膀胱前部有密度均匀呈条索状的液体显影,故诊断为子宫蓄脓,建议宠物主人对病猫进行子宫、卵巢病理性摘除。术前抗炎补液,麻醉后仰卧保定,对术部剃毛,常规消毒,脐后腹中线切口,显露腹腔后找到两侧子宫角和子宫体,子宫正常无病变,继续探查腹腔其他器官,发现结肠积聚大量液体,其他器官未见异常。对病猫进行子宫卵巢摘除,常规关闭腹腔,术后按结肠炎治疗,每天静脉注射抗炎药,口服益生菌,1周后拆除缝合线时此猫状态已恢复正常。

【诊疗失误病例分析与讨论】 结肠积液是由于结肠黏膜的慢性炎症导致的液体在肠腔内积聚。主要表现症状为便秘或腹泻、食欲不振、偶尔伴有呕吐、肠音增强、白细胞升高、粒细胞升高。

子宫蓄脓多表现为精神沉郁、食欲减少或废绝、饮欲增加、伴有呕吐、有时体温升高、腹部膨大、腹部触诊可摸到膨大的呈袋状的子宫角。开放性的子宫蓄脓阴门肿大、排出难闻的恶臭脓液、尾根和外阴周围有脓痂附着,严重的可引起脓毒败血症。

导致本病例误诊的主要原因是医生对病情分析武断,认为发病在发情之后,且血常规检查白细胞总数和粒细胞总数升高,X线检查看到腹部条索状的液体显影就诊断为子宫蓄脓,若再进一步做B超检查就会避免误诊的发生。

十七、肝脏肿瘤误诊为脾脏肿瘤

肝脏肿瘤可分原发性肝脏肿瘤和继发性肝脏肿瘤2种。肝脏肿瘤占所有肿瘤发病率的0.6%～1.3%。起源于上皮细胞的肿瘤可分为肝细胞腺癌、胆管细胞腺癌、肝细胞癌、胆管细胞癌、类细胞瘤等,起源于间质细胞的肿瘤又分为血管肉瘤、纤维肉瘤、骨外骨肉瘤和平滑肌肉瘤等,其中肝细胞癌是最为常见的肝脏肿瘤。

【病例介绍】 京巴犬,雌性,14岁,体重7.6千克。

主诉:此犬近半个月左右精神沉郁、喜卧、嗜睡、不爱运动、饮食减少、腹围增大。经医生检查发现此犬被毛粗乱,精神委靡,可视黏膜呈淡红色,呼吸急促且浅表,心率基本正常,心音略显亢进,腹围增大。触诊腹腔在脐前有一团块状硬包块,X线检查侧位片显示脐上腹腔内有一直径8厘米左右密度均匀的团块,医生诊断为脾肿瘤,建议进行脾脏肿瘤摘除手术,经沟通后病犬主人同意手术治疗。术前检查白细胞总数升高至19.3×10^9/升,淋巴细胞升高至8.7×10^9/升,单核细胞正常,中性粒细胞正常,血小板正常,红细胞降至4.3×10^{12}/升。

手术方法:皮下注射阿托品0.03毫克/千克体重做麻醉前给药,10分钟后注射846合剂0.08毫升/千克体重。仰卧保定,术部剃毛消毒,脐前腹中线切口。切开腹膜后,由于肿瘤太大膨出切口,仔细检查看后发现肿瘤生长在肝脏右叶。鉴于肿瘤体积较大、生长速度迅速,且该犬年龄较大,实施肝右叶全部切除后复发概率较大等原因，最后对病犬实施安乐死术。

【诊疗失误病例分析与讨论】 肝脏肿瘤症状与慢性炎症性肝脏疾病症候相似，临床特征为食欲缺乏、减重、腹下垂、呕吐等，有的病例可出现腹水、腹泻、黄疸与呼吸困难。触诊腹部有肿块，可借助于 X 线、B 超、肝功能检查和病理组织学检查进行确诊。

患脾脏肿瘤的病犬初期一般无症状，随着脾脏肿大，病犬通常表现腹胀、腹痛、贫血、呼吸促迫和心率过速，严重时出现脾脏或血管破裂。失血量过大则出现低血容量性休克，甚至死亡。触诊腹部可触及腹部肿块或脾脏肿大，腹部膨胀，X 线和超声检查可见明显的脾脏肿大或脾肿块。

导致本病例误诊的主要原因是医生只做腹部侧位 X 线检查，未做腹部正位 X 线检查，在做检查看到病犬结膜颜色无变化就认为肝脏无病变，未进行肝脏血清生化检查，也未做 B 超检查和病理组织学检查。

十八、犬锁肛误诊为肠梗阻

锁肛是指肛门被皮肤封闭而无肛门孔的先天性畸形，可分为先天性锁肛和后天继发性锁肛。先天性锁肛是由于胚胎时期后肠、原始肛发育不全或发育异常，致使出现锁肛或肛门与直肠之间被一层薄膜所分隔的畸形。若胚胎时期后肠和原始肛发育异常，造成直肠盲端与原始肛间的肌膜较厚，生成裂孔较少，可造成后天继发性锁肛，或原始肛异常，过早凹入体内，以后由于周围组织发育生长造成肛门狭窄。

【病例介绍】 哈士奇犬，35 日龄，雌性，体重 1.5 千克。

主诉：此犬 3 天前断奶，断奶前饮食、排便均正常，断奶饲喂犬粮后开始呕吐，发病初期有食欲，后来食欲逐渐减退，至来诊时已无食欲，且从断奶后未见排便。医生经检查发现此病犬体况较差、腹部臌气，叩诊呈鼓音，触诊疼痛，听诊心率加快、肠音减弱。血常规检查白细胞升高,粒细胞升高,红细胞偏低。胃和大部分肠管充满气体,在检查过程中病犬呈喷射状呕吐 1 次,呕吐物呈绿色且带有粪臭味。医生初步诊断为肠梗阻,建议手术治疗。术前补液、营养支持治疗并给予抗炎药。手术过程中发现肠管内充满气体和少量液体,整个消化道内并无异物,挤压肠管内的气体仅能从肛门排出少量气体,且排出不顺畅。医生将创巾掀开检查肛门,发现肛门为未完全闭锁,匆忙关闭腹腔又进行人造肛门术。由于病犬体况较差,当医生将人造肛门术进行完时,病犬呼吸和心率都开始减慢且末梢冷凉,虽经吸氧、保温、强心等措施抢救,但还是在术后 2 小时死亡。

【诊疗失误病例分析与讨论】 当发生先天性锁肛时,仔犬生下来即无肛门孔,数日后腹围逐渐增大、膨胀,严重者可出现呼吸困难、频做排粪动作、紧张不安、呕吐,肛门因粪便蓄积而向外突出。母犬可出现直肠阴道瘘,粪便由阴道排出。当发生继发性锁肛时,仔犬能排便,但于 25 日龄左右腹部膨胀,腹壁紧张,能摸到粪块。听诊肠音减弱,在肛门部位有横向小褶,尾根下部皮肤完好,努责时突出,有弹性。

当发生肠梗阻时病犬多表现精神沉郁、食欲不振或拒食、呕吐、腹泻、腹痛不安,腹部触诊有时可摸到阻塞物。呕吐物中混有胃液和未消化的食物,呕吐严重时可见胆汁和肠液,X 线检查梗阻前段消化道臌气,若梗阻塞物密度高时可见阻塞物显影。粪便呈煤焦油状,逐渐停止排便,梗阻处肠管充血、淤血、出血、坏死,若不及时治疗可导致电解质和酸碱平衡紊乱而休克死亡。

十九、脾脏破裂误诊为肝脏破裂

脾脏破裂是指由直接或间接外力作用于脾脏而引起脾脏破裂的一种疾病,可分为脾实质、脾被膜同时破裂发生腹腔内大出血和仅脾实质破裂两种情况。当发生脾实质破裂时,流出的血液可贮存于脾被膜内而形成血肿,以后因活动或用力使血肿破裂发生内出血。

【病例介绍】 德国牧羊犬,7月龄,雄性,体重11千克。

主诉:此犬在15分钟前被车撞过,经检查此犬体温37.6℃,心率极速、心音弱、精神委靡、弓腰拱背、腹部胀满、腹壁紧张,触诊腹部痛感明显。X线检查腹腔有密度均匀的液体显影,肝脏后缘显影不规则。医生初步诊断为肝破裂,建议做剖腹探察手术。术前建立2条静脉通路,同时给病犬静脉滴注犬血浆和皮下注射阿托品0.05毫克/千克体重,10分钟后静脉推注丙泊酚6毫克/千克体重,诱导麻醉后气管插管,通过呼吸麻醉机用异氟烷维持麻醉。术部剃毛、消毒,脐前腹中线切口,开腹后,见肝脏无损伤,消化道无损伤,脾脏实质和脾被膜同时破裂。由于腹腔出血未被污染,将腹腔血用注射器吸出做抗凝后再输入犬体内,同时将脾脏摘除。摘除后,对腹腔用生理盐水和甲硝唑清洗后关闭腹腔。术后给予血浆和补血口服液抗贫血,给予抗生素防止发生败血症,术后8天拆线时此犬基本恢复正常。

【诊疗失误病例分析与讨论】 肝破裂和脾破裂都会引起内出血,都可表现明显的腹痛和腹式呼吸,出血较多时可视黏膜苍白、心跳加快、脉搏快而弱。但肝脏破裂时,肝区触诊敏感。脾脏破裂时,腹部触诊敏感。另外,可通过腹腔穿刺、B超检查、观察肝脏和脾脏的形态大小来确诊。

第三章　呼吸系统疾病诊疗失误病例分析

一、鼻出血误诊为气管破裂

鼻出血是指鼻腔黏膜或副鼻窦黏膜破裂出血,血液从鼻孔流出的一种症状。鼻出血多见于外伤、异物、寄生虫等损伤鼻黏膜所致。继发性鼻出血常由出血性素质的疾病引起,如慢性鼻窦炎、鼻炎引起的鼻黏膜溃疡,钩端螺旋体病、犬钩虫病等感染性疾病,肿瘤、息肉以及香豆素类鼠药中毒等。

【病例介绍】　哈士奇犬,5岁,雄性,体重26千克。

主诉:犬主早起遛犬时,此犬挣脱牵引绳后跑到马路上被出租车撞倒后鼻流鲜血。经检查此犬面部肿胀,精神状态较惊恐,呼吸急促达90次/分,鼻孔流血,且血中夹带有大气泡,心率160次/分,偶尔伴有咳嗽。进一步进行X线检查,显示肺纹理不清,气管处显影较正常密度增高,医生诊断为气管出血。皮下注射安络血4毫升,静脉注射生理盐水80毫升、止血敏1克,同时静脉注射生理盐水、头孢曲松钠1克。用药的同时用吸球将鼻孔内的血液和凝血块吸出。血凝块被吸出后病犬呼吸逐渐平稳。病犬在输液时动物医院的另一位医生看到X线摄片后,觉得胸部轮廓不清晰,气管有伪影,应该是在曝光时此犬有可能活动,建议再次进行X线检查,结果发现气管、肺部清晰,呼吸道内无异物显影。给病犬按鼻出血处置,同时向病犬面部浇泼冷水,促进凝血,由鼻部滴入肾上腺素等促凝血药。当液体输完时,出血已止住,呼吸平稳。翌日复诊时,除面部肿大外,鼻孔已不流血,也能少量进食,继续给予抗炎药与止血药。第五天复诊时此犬面部水肿已完全消失,精神状态也基本恢复正常。

【诊疗失误病例分析与讨论】 外伤性鼻出血一般为单侧或双侧鼻孔流出鲜血，呈滴状或线状流出，不含气泡或含有几个大气泡。当出现大出血或出血不止时患病动物可出现严重的贫血症状，表现为可视黏膜苍白、脉搏弱，若不及时救治，可因严重失血而死亡。

气管破裂出血时，血液中含有大气泡，且血液不易凝固，并可从气管处听到湿啰音，气管破裂同时伴发皮下气肿或气胸。

导致本病例误诊的主要原因是由于医生经验不足，对病例症状考虑片面，只进行胸部侧位 X 线检查，未进行胸部正位 X 线检查，且对 X 线检查的分析不全面，虽然误诊，但用药和处理方法是正确的，属于误诊但未误治。

二、声带摘除后导致异物性肺炎

声带切除适用于犬，常因其吠叫影响周围住户和邻居休息，而实行声带切除术。

【病例介绍】 迷你贵妇犬，3 岁，雄性，体重 3.2 千克。

因该犬长期吠叫，影响邻居休息，犬主王某带犬到动物医院进行消声术。主诉：食欲、排便均正常，免疫、驱虫均已完成。术前检查此犬精神状态良好，体温 38.6℃，呼吸正常，心率正常，血常规检查正常，机体状态良好，可以进行全身麻醉手术。术前给予止血药和抗炎药，皮下注射阿托品 0.36 毫克做麻醉前给药，皮下注射止血敏 0.1 克、安络血 5 毫克、阿莫西林克拉维酸钾 50 毫克。10分钟后肌内注射"舒泰 50"23 毫克。当犬麻醉后用开口器将口腔打开，将舌拉出口外并用喉镜镜片压住舌根和会厌软骨尖端，暴露喉室内 2 条"V"形声带，用一长柄鳄鱼式组织钳伸入喉腔，抵于一侧声带的背侧顶端，非活动钳头位于声带喉腔侧，握紧钳柄，钳压、切割，切割后用纱布压迫止血，另一侧声带用同样方法切除并止血。待犬苏醒并观察 2 小时候后回家。术后第一天复诊时主诉此犬咳嗽,经检查此犬体温 39.8℃,医生认为是术后炎症造成体温升高,继续皮下注射阿莫西林克拉维酸钾 50 毫克,每日 1 次,连用 3 天。术后第四天复查时主诉此犬已经 1 天未进食,咳嗽且有时咳出血凝块,并且开始流脓性鼻液。经检查体温达 40.2℃,鼻镜干燥、呼吸急促,呈乏氧状态,流脓性鼻液并带有臭味。血常规检查白细胞总数升高至 32.3×10⁹/升,淋巴细胞升高至 8.9×10⁹/升,单核细胞 0.8×10⁹/升,中性粒细胞升高至 22.6×10⁹/升;X线检查支气管钙化,整个右侧肺密度增高。诊断为异物性肺炎,每天给予抗炎药和止咳药,2 天后该犬死亡。

【诊疗失误病例分析与讨论】 该病例在手术过程中对创面止血不彻底,若改用电凝止血或烧烙止血则效果较好。在手术过程中和在等待犬苏醒时未将犬头部放低,导致血凝块吸入气管和肺内引起气管栓塞,肺部通气不良,从而引起肺炎。在手术后第一天复诊时,犬主人告诉医生此犬咳嗽,医生也未做相应的处理,导致病情进一步发展,最后导致手术失败,犬只死亡。

三、肺水肿误诊为肺炎

肺水肿是肺毛细血管内血液量异常增加,血液的液体成分漏到肺泡、支气管和肺间质内过量聚集所引起的一种非炎性疾病。临床上以极度呼吸困难,流泡沫样鼻液为特征。

【病例介绍】 京巴犬,13 岁,雌性,体重 8.2 千克。

主诉:从前一天晚上开始此犬烦躁不安,且晚上未睡觉,一直张口呼吸、咳嗽。初诊医生对病犬检查后发现,此犬体温达 39.8℃,呼吸急促,心率加快,诱咳阳性,听诊呼吸音粗厉;血常规检查白细胞升高至 19.8×10⁹/升,淋巴细胞升高至 6.5×10⁹/升,单核细胞为 1.2×10⁹/升,粒细胞为 12.1×10⁹/升,红细胞为 5.6×10¹²/升。医生看到白细胞、淋巴细胞升高,粒细胞、单核细胞正常,诊断为病毒性肺炎,给予静脉注射生理盐水 80 毫升、头孢曲松钠 400 毫克、病毒唑 0.1 克、地塞米松 2 毫克,皮下注射白细胞干扰素 10 万单位,每日 1 次,用药 1 天后病犬病情不但没有转好,反而更加严重,犬主带犬转院治疗。

转诊医生询问病犬病史后,对病犬进行检查,见病犬体温 39.8℃,舌苔、可视黏膜发绀,鼻翼扇动,张口呼吸,呈混合性呼吸困难,鼻孔流泡沫样鼻液。听诊肺部有明显的水泡音,心音亢进,心率疾速。血常规检查白细胞升高至 21.2×10^9/升,淋巴细胞 3.6×10^9/升,单核细胞为 0.8×10^9/升,中性粒细胞升高至 16.8×10^9/升。X 线检查见肺野阴影较肺炎均匀,如毛玻璃状,阴影密度普遍升高,肺门血管纹理普遍粗重,肺野亮度减低,肺纹理模糊。根据病犬临床症状和各项检查结果诊断为心源性肺水肿。确定治疗原则为尽量保持病犬安静、减轻心脏负担、缓解肺循环障碍、制止渗出、缓解呼吸困难。在给病犬吸氧的同时肌内注射苯巴比妥 50 毫克,皮下注射呋塞米 40 毫克,静脉注射 5% 葡萄糖注射液 60 毫升、10% 葡萄糖酸钙注射液 10 毫升,口服贝那普利 4 毫克,皮下注射头孢曲松钠 400 毫克、地塞米松 2 毫克、灭菌用水 4 毫升。用药当天病犬症状出现好转,翌日复诊时呼吸较来诊时平稳,可视黏膜也转为潮红,体温 39.5℃,按前一日方案继续用药,连续用药 3 天后病犬症状得到控制,以后每天口服 1 次贝那普利 4 毫克、阿莫西林克拉维酸钾 200 毫克,1 周后病犬基本恢复正常。

【诊疗失误病例分析与讨论】 肺炎是肺实质的急性或慢性炎症,临床上以高热稽留、呼吸障碍、低氧血症、肺部有广泛浊音区为特征,食欲减退或废绝,体温达 40℃ 以上,脉搏可达 100～150 次/分,结膜潮红,鼻镜干燥,常流铁锈色鼻液,严重缺氧时可视黏膜发绀;血常规检查白细胞总数增高、核左移、红细胞沉降反应加速、血小板减少、淋巴细胞减少;X 线检查可见病变部位有明显的阴影。

肺水肿多为突发病变,高度混合型呼吸困难,有弱而湿的咳嗽,头颈伸展,鼻翼扇动,张口呼吸,呼吸增速,眼球突出,静脉怒张,结膜发绀,体温升高,两鼻孔流出大量粉红色泡沫状鼻液。胸部叩诊有浊音,听诊有水泡音。X线检查肺视野阴影呈散在性增强,呼吸道轮廓清晰,支气管周围增厚。如为补液过量所致,肺泡阴影呈弥散性增强,大部分血管几乎难以发现,如左心功能不全并发肺水肿者,肺门呈放射状。

四、乳糜胸误诊为肺炎

乳糜胸是指乳糜在途经胸导管时异常渗漏并积聚于胸膜、胸腔的一种疾病。乳糜或乳糜颗粒是动物小肠黏膜上皮细胞内合成的以甘油三酯为主要成分的中性脂肪颗粒,进入小肠毛细淋巴管后沿肠系膜淋巴干汇入乳糜池,再沿胸导管进入胸腔,并于胸腔入口处注入左颈静脉或前腔静脉。乳糜胸以胸腔积液呈白色乳糜样,胸液分析含有乳糜颗粒为特征。

【病例介绍】 金毛犬,8月龄,雄性,体重14千克。

主诉:此犬近一段时间(15天左右)咳嗽、食欲差、形体消瘦,但排便、排尿均正常。经检查此犬体温39.6℃,被毛粗乱,诱咳阳性,腹式呼吸,鼻镜干燥,呼吸加快,可视黏膜颜色基本正常,流少量水样鼻液;血常规检查白细胞总数$19.6×10^9$/升,淋巴细胞$1.6×10^9$/升,单核细胞$0.75×10^9$/升,中性粒细胞$17.2×10^9$/升;X线检查胸腔显影不清晰,肺叶模糊不清。医生认为是肺部炎症,肺部渗出导致肺叶纹理不清。按肺炎处置用抗炎药2天后症状无明显好转,而且呼吸更加急促,此犬只能坐着不能趴下,犬主带病犬转院就诊。转诊医院医生询问病情后又对病犬进行检查,听诊肺泡音减弱,叩诊浊音,且胸部出现水肿;X线检查肺纹理不清,心脏轮廓也不清晰,怀疑为胸腔积液;进一步做B超检查,显示胸腔液体。B超引导穿刺吸出乳白色液体经苏丹Ⅲ染色后,显微镜下可见乳糜微粒,确诊为乳糜胸。

【诊疗失误病例分析与讨论】 肺炎表现发热、咳嗽、食欲减退或废绝、结膜潮红、鼻镜干燥、流铁锈色鼻液，心率、呼吸增速。叩诊肺部有浊音或半浊音，周围肺组织有过清音。X线检查可见病变部位有明显的阴影。血常规检查白细胞总数升高、核左移、红细胞沉降反应加速、血小板减少、淋巴细胞减少。

急性乳糜胸病例表现精神沉郁、食欲下降或废绝，少数急性病犬脉搏快、体温低。较特征的症状是呼吸困难、腹式呼吸、可视黏膜苍白、突然虚脱，外伤性乳糜胸数日至2周后出现症状。病程长的病例，多饮、多尿，倦怠，患病动物胸部和腹部水肿，因肺炎或感染等出现发热。发病动物站立X线检查可见水平的液面，也可进行B超引导穿刺确诊。

五、胸腔积血误诊为胸腔积液

胸腔积血是胸膜壁层、胸腔内脏器官或横膈膜出血，使血液潴留于胸腔内的一种疾病。

【病例介绍】 阿富汗猎犬，4岁，雌性，体重19千克。

主述：此犬近2天来食欲下降，有时伴有咳嗽，排便正常，不像平时那样爱活动。经检查发现此犬体温39.6℃，张口呼吸且呼吸急促，听诊肺泡音减弱，叩诊浊音；血常规检查白细胞$25.6×10^9$/升，淋巴细胞$1.7×10^9$/升，单核细胞$0.6×10^9$/升，粒细胞$23.3×10^9$/升，红细胞$4.3×10^{12}$/升，血小板$350×10^9$/升；B超检查显示胸腔有少量液体，诊断为胸腔积液。经与病犬主人沟通决定对胸腔内积液进行引流，进一步分析积液的原因和积液的性质。B超介导穿刺，抽吸出约100毫升红色血样液体，且含有少量血凝块。经进一步与病犬主人沟通，得知此犬1周前被自行车撞过，当时没什么异常也没太在意。3天前开始发病才表现出症状。抽吸完积血后向胸腔注入青霉素160万单位，同时皮下注射安络血10毫克、止血敏0.5克、维生素K_3 30毫克，为防止感染，静脉注射生理盐水100毫升、头孢曲松钠700毫克。用药2天后，B超介导又抽出约 40 毫升液体,血凝块减少,病犬状态有所好转,已开始少量进食。继续用药 5 天后,B 超介导抽出约 20 毫升液体,颜色变淡,病犬状态基本正常。血常规检查白细胞总数、白细胞分类计数均正常,红细胞 4.6×10^{12}/升。又继续用药 3 天,病犬状态良好,血常规检查除红细胞偏低外其他项目均正常。

【诊疗失误病例分析与讨论】 胸腔积液是指漏出液积于胸腔内,简称胸水,通常以呼吸困难为特征,患病动物一般体温正常,比较特征的症状是呼吸困难,严重时甚至张口呼吸、呼吸浅表。听诊在水平浊音区有时可听到心音,心音通常减弱,有时消失。叩诊时两侧呈水平浊音,且随体位变化而改变,穿刺检查为漏出液。

胸腔积血主要是由于外伤等因素造成血管破裂或血液凝固异常而引起。患病动物表现明显的腹式呼吸,呼吸浅表而困难。出血严重者可出现出血性休克,表现突然虚脱、四肢发凉、脉搏细弱、可视黏膜苍白或发绀,听诊肺泡音减弱,肺泡听诊区移向胸部背侧,叩诊呈浊音。由血液凝固异常引起的血胸,鼻和牙龈出血,可视黏膜多见点状或斑状出血,有血尿、血便和皮下出血。穿刺检查为血液,可凝固,与外周血液性质相同。

六、大叶性肺炎误诊为小叶性肺炎

大叶性肺炎又称纤维素性肺炎或格鲁布性肺炎,是以支气管和肺泡内充满大量纤维蛋白性渗出物为特征的急性肺炎。炎症侵害大片肺叶,临床特点是高热稽留、流铁锈色鼻液、叩诊有大片浊音区。

【病例介绍】 拉布拉多犬,8 月龄,雄性,体重 23 千克。

主诉:此犬发病 3 天,咳嗽、流鼻液、不进食,2 天前带病犬至某动物医院就诊,经医生检查后诊断为小叶性肺炎。静脉注射生理盐水和头孢噻呋钠,连续用药 2 天,症状无明显改变,且病情加重,故带病犬转院治疗。经检查此犬体温 40.3℃,鼻镜干燥,鼻孔流铁锈色鼻液，且鼻液中含有血液，呼吸困难，可视黏膜发绀，无食欲，精神委靡，心率加快。听诊肺部有明显湿啰音，叩诊肺部有大片浊音区。血常规检查白细胞总数 4.56×10^9/升，淋巴细胞 0.8×10^9/升，单核细胞 0.03×10^9/升，粒细胞 3.73×10^9/升，核左移。犬瘟热病毒和犬腺病毒抗原快速检测试纸检测结果为阴性，排除犬瘟热病毒和犬腺病毒感染。X 线检查肺部有大面积阴影，确诊为大叶性肺炎。并告知犬主此犬病情危重预后不良，主人放弃治疗，此犬在确诊 1 天后死亡。

【诊疗失误病例分析与讨论】 小叶性肺炎又叫做卡他性肺炎、支气管肺炎，是肺泡内积有卡他性渗出物，包括脱落的上皮细胞、血浆和白细胞等。小叶性肺炎的炎症病变出现于个别小肺或几个小叶，通常是在支气管炎基础上发生，同时伴有支气管与肺泡的炎症，故也称支气管肺炎。临床的特点是弛张热、呼吸增数、叩诊有小片浊音区、听诊有捻发音。血常规检查白细胞总数增多、核左移，继发化脓性炎症时白细胞可达 20×10^9/升以上。X 线检查可见有大小不等的小片状阴影。

大叶性肺炎是以炎症侵害大片肺叶，支气管和肺泡内充满大量纤维蛋白性渗出物为特征的急性肺炎。其症状为高热稽留，流铁锈色鼻液，叩诊呈大片浊音区，听诊呈捻发音或湿啰音，可视黏膜充血，严重的伴有黄疸。血常规检查可见白细胞增多，可达 20×10^9/升以上，核左移，严重病例白细胞减少。X 线检查可见病变部位有大片阴影。

导致本病误诊的原因主要是初诊医生对小叶性肺炎和大叶性肺炎的临床特点不了解，没有做血常规检查，对病情、病性、病程把握不好，也没有做 X 线检查，犯经验主义错误，使诊疗思路倾向于相对的规范化和局限化。当遇到与经验相似的病症时，就会将诊疗思路局限在一个狭小范围内，难以跳出经验主义的框框去加以分析。

七、肺水肿误诊为心力衰竭

肺水肿分为心源性和非心源性 2 种,心源性肺水肿多见于充血性左心衰竭、过量静脉补液和毛细血管血压升高,非心源性肺水肿多见于低蛋白血症和肺泡毛细血管渗透性增加。

【病例介绍】 土种犬,8 岁,雌性,体重 12 千克。

主诉:此犬近一段时间精神沉郁、食欲不振,从前一天开始咳嗽、张口呼吸、食欲废绝。经检查此犬体温 39.9℃、呼吸急促、鼻翼扇动、混合性呼吸困难。血常规检查白细胞 29.8×10^9/升、淋巴细胞 2.6×10^9/升,单核细胞 0.6×10^9/升,粒细胞 26.6×10^9/升,红细胞 6.7×10^{12}/升。X 线检查心影增大,诊断为左心衰竭。给予呋塞米、贝那普利、头孢曲松钠,用药 2 天后病情无明显改善,且四肢和胸、腹部水肿更加严重。进一步做生化检测发现此犬的白蛋白为 13 克/升(低于参考值 21~36 克/升),碱性磷酸酶为 626 单位/升(高于参考值 10~100 单位/升),丙氨酸氨基转移酶正常,天门冬氨酸氨基转移酶正常,总胆红素正常,尿素 26.9 毫摩/升(高于参考值 2.5~9.6 毫摩/升),肌酐 460 微摩/升(高于参考值 44~159 微摩/升),钙 2.35 毫摩/升(正常),磷 2.76 毫摩/升(高于参考值 0.81~2.19 毫摩/升),血糖正常,尿液成分分析显示尿蛋白阳性(+++)。X 线检查心影基本正常。再看初诊医院的 X 线摄片,心影虽增大但模糊,骨骼均为双影,说明此犬在初诊医院做 X 线检查时身体有活动。血常规检查白细胞总数 36.7×10^9/升,淋巴细胞 4.8×10^9/升,单核细胞 1.6×10^9/升,粒细胞为 30.3×10^9/升,红细胞 6.9×10^{12}/升。医生经过分析,诊断为肾衰竭引起的低蛋白血症性肺水肿,最后犬主未进行治疗,要求对病犬施行安乐死术。

【诊疗失误病例分析与讨论】 心力衰竭分为急性心力衰竭和慢性心力衰竭。急性心力衰竭表现为精神沉郁、呼吸困难、脉搏细数微弱、静脉怒张、可视黏膜发绀,严重者神志不清、突然倒地痉挛、体温下降，多数病例并发肺水肿。慢性心力衰竭病程持久，发展缓慢，可达数月至数年，表现精神沉郁、易疲劳、不愿活动、呼吸困难、可视黏膜发绀，四肢末端水肿、无热痛，触诊呈捏粉样，运动后水肿减轻，听诊心音减弱，出现心内杂音和心律失常。左心衰竭时肺循环障碍，淤血，并发肺水肿。X线检查肺门阴影增大，肺纹理增粗，心影增大。

导致本病例误诊的原因是本病例出现与心力衰竭相似的临床症状（咳嗽、呼吸困难、鼻翼扇动和混合型呼吸困难），且初诊医生对检查设备过于依赖，仅看到 X 线摄片显示病犬心影增大，但未发现所谓的心影增大是 X 线检查时病犬活动所造成的伪影，也没有做血清生化检测，以检查其他器官的生理指标，未能准确判断机体的整体状态。

第四章　泌尿生殖系统疾病
诊疗失误病例分析

一、尿石症误诊为膀胱麻痹

　　尿石症是指尿液中的无机盐或有机盐析出,形成结石,刺激尿路黏膜发炎、出血和排尿障碍的一种泌尿器官疾病。根据尿结石形成和阻塞部位不同,可分为肾结石、输尿管结石、膀胱结石和尿道结石。

　　【病例介绍】　京巴犬,6岁,雄性,体重4.8千克。

　　主诉:此犬发病1天,频频排尿,但尿量少。食欲减退,呼吸急促,心率快,烦躁不安,触摸膀胱充盈,压迫膀胱能够排尿。血常规检查白细胞升高,中性粒细胞升高,其他正常。尿常规检查尿血(＋＋),尿蛋白(＋＋),其他正常。X线检查膀胱、肾脏、输尿管、尿道无结石显影,膀胱充盈,右侧肾脏水肿。医生按膀胱麻痹导致的肾盂肾炎处置此病例,导尿后留置尿管,用药输液治疗。3天后此犬食欲恢复正常,5天后停药拆除导尿管,回家口服抗炎药。回家2天后再次发生尿淋漓,主人又带犬到医院就诊,经触诊后膀胱充盈,医生又进行导尿,导尿时医生感觉来回推拉导尿管时在阴茎骨末端有摩擦感,触诊为结石,当天进行手术治疗,1周后该犬拆除缝合线,排尿正常。

　　【诊疗失误病例分析与讨论】　尿道结石体积细小且数量不多时,一般不表现明显的临床症状。当结石体积较大或阻塞尿路时,病犬出现明显的临床症状。肾结石在临床上比较少见,犬多数发生在肾盂,表现精神沉郁、食欲减少、有肾炎症状、排血尿、肾区疼痛、行走缓慢、步态紧张。当结石发生在输尿管时,表现剧烈腹痛、排血尿、腹部触诊有压痛。若两侧输尿管阻塞可发生尿闭,触诊膀胱空虚,可引起尿毒症。当结石发生在膀胱时,有的不表现明显症状,大多数表现尿频、血尿、膀胱敏感性增加,有时可触摸到膀胱内的结石。若结石阻塞在膀胱颈,病犬表现明显的疼痛、排尿障碍、频做排尿姿势、排尿量很少或尿闭、触摸膀胱充盈有时可引起膀胱麻痹或破裂。公犬尿道结石多发生于阴茎骨后端和坐骨弓处,母犬很少发生尿道结石,若发生一般发生在尿道开口处。当尿道不完全阻塞时,病犬排尿疼痛,排尿时间延长,尿淋漓,有时排血尿;当完全阻塞时,出现尿闭,频做排尿姿势,但无尿排出,常引起膀胱破裂和尿毒症。确诊可通过 X 线检查、B 超检查、尿沉渣检查以及尿道探诊等方法。

膀胱麻痹是指膀胱肌肉发生暂时性或持久性丧失收缩力,导致膀胱延伸、弛缓以及尿液潴留,临床上以膀胱充盈、不随意排尿为主要特征。膀胱平滑肌麻痹,病犬膀胱内有大量尿液潴留,病犬表现不安,常做排尿姿势,尿液呈线状或滴状排出,甚至无尿排出。经腹壁压迫膀胱,有大量尿液排出,停止压迫,排尿随即停止。插入导尿管,仅流出很少的尿液。膀胱括约肌麻痹,病犬无排尿姿势,尿液常呈滴状或线状排出,经腹壁触压膀胱空虚,无疼痛反应。脑或脊髓疾病引起的膀胱麻痹,病犬无疼痛反应,无排尿姿势,尿液能自行排出,但间隔时间较长。经腹壁压迫膀胱及插入导尿管时,尿液呈强流排出,停止压迫后,排尿不立即停止。根据病史、临床症状和导尿管探诊较容易做出诊断。

治疗时,以加强护理,去除病因,提高膀胱肌收缩力,促进尿液排出,防止继发感染为治疗原则,可选用硝酸士的宁、氯化氨甲酰甲胆碱等神经兴奋剂,以提高膀胱肌收缩力。施行膀胱按摩或导尿以促进膀胱排空,选用广谱抗生素控制细菌感染。

导致本病例误诊的原因是:事后对手术取出结石后经鉴别该犬的结石为胱氨酸结石,表面光滑,能透过 X 线,在 X 线检查时不易显影。临床检查因肾脏水肿、尿液中含有红细胞和蛋白而被误诊。所以,在临床上若遇到上述情况可取尿液分离,做尿沉渣检查和 B 超检查,基本上能避免误诊的发生。

二、肾脏脓肿误诊为肾肿瘤

肾脏脓肿是指肾脏实质因炎症化脓而被破坏,形成脓性包囊,使肾功能完全丧失的一种疾病。

【病例介绍】 暹罗猫,5 岁,雌性,体重 3.2 千克。

主诉:此猫近几天精神沉郁、喜卧、不爱运动,2 天未见排尿、呕吐、不食。经医生检查,此猫体温 37.8℃,心率快、心音弱、结膜潮红、眼窝深陷、皮肤弹性降低。触诊腹部左侧肾脏形态无异常,右侧肾脏呈不规则的团块状,约为正常肾脏的 2 倍大小。X 线检查右侧肾脏呈密度不均匀的团块状,诊断为肾脏肿瘤。对病猫进行抗炎补液治疗,2 天后脱水症状缓解,准备实施肾脏肿瘤摘除术。全身麻醉后仰卧保定,术部剃毛,常规消毒,用创巾隔离术部,腹下正中线切口。将十二指肠近端移向左侧,十二指肠系膜后方显露出右肾,发现肾脏脓肿,而不是肿瘤。将右肾摘除,探查左肾,左肾无异常,关闭腹腔。术后血常规检查,白细胞总数升高至 $48.6×10^9$/升,淋巴细胞升高至 $12.5×10^9$/升,单核细胞升高至 $1.8×10^9$/升,粒细胞总数升高至 $34.2×10^9$/升,红细胞降低至 $3.5×10^{12}$/升。血清生化检测碱性磷酸酶升高至 416 单位/升,r-谷氨酰转肽酶升高至 3 单位/升,尿素氮升高至 46.8 毫摩/升,血钙降至 1.75 毫摩/升,血磷升高至 2.87 毫摩/升,显示病猫已经发展为肾衰竭。手术后此病猫发生休克,1 天后死亡。

【诊疗失误病例分析与讨论】 肾腺病和肾原发性淋巴肉瘤是猫最重要的肿瘤类型。肾原发性肿瘤占猫肿瘤的 2.5%。猫肾原发性淋巴肉瘤与猫白血病病毒感染有关,其症状通常无特异性,仅有食欲不振、进行性体重下降、腹部膨胀和疼痛等。与泌尿系统有关的不常见的症状包括血尿、多尿、烦渴。触诊可触及肿大的肾脏。X线检查可见密度稍高的阴影，B超检查可见反射波。血常规检查呈贫血或红细胞增多（红细胞压积大于60%，红细胞大于10×10^{12}/升），血清生化检测尿素氮和肌酐有不同程度的升高，尿液分析沉淀中有肿瘤细胞。确诊必须做病理组织学检查。

肾脓肿表现高热、寒战、呕吐、虚脱，触摸肾脏肿大。尿液中含大量脓细胞，血液常规检查白细胞明显升高，严重时白细胞降低。X线检查肾影增大，血清生化检测尿素氮和肌酐升高，血钙和血磷升高或降低。细针穿刺可见脓细胞、白细胞和细菌。尿液检查可见白细胞、红细胞、蛋白、管型和细菌。

三、手术摘除前列腺囊肿后结扎膀胱颈部导致不排尿

前列腺囊肿是由于前列腺腺体因先天性或后天性原因而发生的囊样改变。

【病例介绍】 巴哥犬，8岁，雄性，体重7.9千克。

主诉：此犬近几天排便困难、里急后重、频繁努责，只能排出少量粪便，食欲也有所减退。经检查此犬体温39.3℃，精神状态尚可，弓腰拱背，腹壁紧张，肛周略膨出。直检直肠内蓄积有大量粪便，触诊前列腺肿大。B超检查前列腺肿大且囊内蓄积液体。血常规检查白细胞总数26.7×10^9/升，淋巴细胞2.8×10^9/升，单核细胞0.63×10^9/升，粒细胞23.27×10^9/升，红细胞、血小板、血红蛋白均正常。诊断为前列腺囊肿，决定对病犬实施前列腺囊肿摘除术。术前给予抗炎药，术后病犬清醒后，犬主带病犬离开医院。犬主回家后观察病犬8小时一直未排尿，又将病犬带至宠物医院。经检查，膀胱内蓄积有尿液，导尿时导尿管不能进入膀胱，请同行医生会诊。经会诊检查后怀疑在手术摘除前列腺时将膀胱颈部断端结扎，而未与尿道断端对接，建议剖腹探查。打开腹腔后发现膀胱颈部断端被缝合线结扎，未与尿道断端进行对接缝合。打开结

扎线,将导尿管徐徐插入膀胱内,将膀胱颈部断端与尿道对接,采用连续缝合法缝合,腹腔冲洗后闭合腹腔。为防止尿闭和尿道粘连,留置导尿管 48 小时,术后给予抗生素治疗 7 天,术后 8 天拆除缝合线时此犬饮食、排尿、排便均恢复正常。

【诊疗失误病例分析与讨论】 导致本病例诊疗失误的主要原因是医生基础知识不扎实,在对动物解剖位置和手术通路不了解的情况下进行手术,在对前列腺血管结扎时将膀胱颈部的尿道同时结扎,导致术后病犬尿闭。正确的手术方法是:将病犬全身麻醉后仰卧保定,插入导尿管后进行导尿,打开腹腔后,充分暴露膀胱前壁和前列腺,对分布于前列腺的 2 条下腹动脉分支,分别做双重结扎,并在两结扎线中间剪断。注意不要结扎或损伤分布于膀胱和尿道的血管,对前列腺液输出管做双重结扎并剪断。退出导尿管,在前列腺前端和后端分别用肠钳固定,在两钳之间切除前列腺和一段尿道,两断端用肠线进行连续缝合,最后闭合腹腔,留导尿管 48 小时防止尿闭或尿道粘连。

四、尿道结石导尿导致膀胱破裂

尿道结石是尿液中溶解状态的盐类物质析出结晶,形成矿物质凝聚结构,刺激尿道黏膜并造成尿路阻塞的一种疾病。

【病例介绍】 雪纳瑞犬,4 岁,雄性,体重 7.3 千克。

主诉:此犬近 2 天以来排尿不畅,频繁排尿但尿量很少且尿柱也很细,从早晨开始已经出现血尿。经检查此犬可视黏膜潮红、呼吸急促、腹部膨大、膀胱充盈且触诊疼痛。X 线检查阴茎段尿道可见一连串的结石亮影,且膀胱内蓄积大量尿液和少量结石亮影,诊断为尿道结石。

医生建议犬主对病犬进行血常规检查和肾功能检查,若病犬体况允许则进行手术治疗。犬主反对手术治疗,要求对病犬导尿,将结石冲入膀胱内即可。医生将病犬仰卧保定,向尿道内插入导尿管,触到阻塞部位的结石后向导尿管内注入生理盐水,试图增加压力将结石冲入膀胱内。在通过导尿管注入生理盐水时,病犬突然吼叫,表现剧烈疼痛,可视黏膜苍白。再触摸腹部时已触摸不到充盈的膀胱,随即对病犬注射止血药和血浆,同时对病犬实施麻醉,准备进行膀胱破裂修复手术,但在对术部皮肤消毒时病犬死亡。

【诊疗失误病例分析与讨论】 结石一般在肾脏和膀胱形成,经过尿路向外排出,由于公犬尿路较长,坐骨弓部和阴茎骨部尿道比较狭窄,各种原因引起的结石在此处很难随尿液排出体外,从而引起尿路阻塞。尿道不完全阻塞时病犬排尿疼痛,排尿时间延长,尿液呈点滴状流出,有时排出血尿;尿道完全阻塞时,出现尿闭,发生尿潴留。病犬弓背缩腹,频做排尿动作但无尿液排出,常引起膀胱破裂和尿毒症。本病可通过触诊、尿道探诊和 X 线检查做出确诊。

导致病例诊疗失误的主要原因是由于犬主觉得手术治疗费用较保守治疗高出许多,且手术治疗病犬也比较痛苦,因而选择保守治疗,要求对病犬进行导尿。但宠物医生没有考虑到导尿的风险,因为在导尿前膀胱已经是充盈的,在向导尿管内注入生理盐水时如压力过大,且向膀胱内注入的生理盐水过多,极易导致膀胱破裂。医生应向犬主介绍尿路结石各种治疗方法的优点与缺点,选择最好的方法对病犬做最好的治疗,不能轻易接受犬主的要求而去做错误的治疗。

五、腹股沟阴囊疝误诊为阴囊炎

腹股沟阴囊疝是指腹腔脏器经腹股沟环脱至腹股沟鞘膜管内,且内容物进一步下降至阴囊鞘膜腔内的一种疾病。疝内容物多为网膜、肠管、子宫或膀胱。

【病例介绍】 京巴犬,8 岁,雄性,体重 6 千克。

主诉:病犬大约 6 个月前出现过一次突发性的阴囊肿大,到动物医院医生诊断为阴囊炎,用抗炎药后几天就消肿了。3 天前阴囊处红肿,该犬不停地舔肿起部位,到动物医院就诊,医生因害怕被狗咬伤,仍按阴囊炎处置。用抗炎药输液,阴囊红肿部位涂布抗生素软膏。用药后病情无好转,阴囊处红肿加重,且出现 10 多次呕吐,病犬伏卧不动,也不见排便,进而转院治疗。经转院医生检查,病犬精神极度沉郁、卧地不动、鼻镜干燥、呼吸急促、可视黏膜潮红、体温 40.6℃、心率 140 次/分、皮肤弹性下降、腹胀明显、肠音消失、左侧腹股沟处和阴囊红肿并隆起。血常规检查白细胞总数升高至 27.8×10^9/升,粒细胞总数升高至 24.6×10^9/升,其他指标均正常。根据临床症状和实验室检查诊断为腹股沟阴囊疝。经与犬主沟通后对病犬进行腹股沟阴囊疝修复术。术后给予抗炎药 5 天,术后 7 天拆线时此病犬已恢复正常。

【诊疗失误病例分析与讨论】　犬的阴囊皮肤非常薄,也非常敏感,挫伤、化学物质的刺激或瘙痒引起的舔舐均容易导致其发炎,表现阴囊皮肤糜烂甚至缺损,有渗出液,渗出液多时,会发现阴囊部皮肤周围粘有很多毛发或污染物,阴囊皮肤瘙痒,病犬频繁舔舐患处。

导致本病例误诊的原因主要是初诊医生问诊不详细、不全面,临床检查时不认真、不系统,只根据表面症状就做出诊断结论,再次检查时因惧怕狗咬也未进行深入的检查而造成误诊,延误了治疗。

六、犬慢性肾炎误诊为膀胱痉挛

肾炎是指肾实质(肾小球、肾小管)、肾间质发生炎性病理变化的总称。临床上以肾区敏感和疼痛、尿量减少、尿液中出现病理产物,严重时伴有全身水肿为特征。按病程可分为急性肾炎和慢性肾炎两种,按发生部位可分为肾小球肾炎、肾小管肾炎和间质肾炎。

【病例介绍】 边境牧羊犬,3 岁,雄性,体重 14 千克。

主诉:此犬尿频近 1 周时间,尿量增多,饮欲增加,食欲减退。初诊医生检查病犬状态后,建议病犬主人对病犬做 X 线、血常规、尿常规、血清肾功能等 6 项检查。由于检查费用较高,病犬主人经济难以承受,故要求初诊医生凭经验对病犬进行处置,初诊医生根据病犬症状初步诊断为膀胱痉挛,并做以下处置:将 40 毫克盐酸普鲁卡因用生理盐水稀释后进行膀胱灌注,皮下注射阿托品 0.04 毫克/千克体重缓解痉挛,皮下注射凯布林 2 毫克/千克体重止痛,皮下注射氨苄西林钠 40 毫克/千克体重抗炎。连续用药 5 天后病情好转。15 天后,此犬出现腹部水肿,仅能吃少量食物,排尿量也增多。带犬转诊到另一家动物医院,经检查此犬体温 39.6℃,鼻镜干燥,腹下皮肤水肿,四肢末梢水肿。血常规检查白细胞总数 22.6×10^9/升,粒细胞总数 20.5×10^9/升,其他项目正常。尿常规检查尿蛋白阳性(＋＋＋),尿沉渣检测可见颗粒管型,白细胞和少量红细胞。血清生化检测肌酐升高至 59 微摩/升,白蛋白降低至 16 克/升。X 线检查无尿路结石。根据临床症状和检查结果,诊断为慢性肾炎。

【诊疗失误病例分析与讨论】 膀胱痉挛是指膀胱平滑肌或膀胱括约肌痉挛性收缩,无炎症病变。膀胱括约肌痉挛时,尿液滞留,表现为腹痛,做排尿姿势但无尿液排出。触诊膀胱充盈,但按压后不见排尿,导尿管探诊时困难。膀胱平滑肌痉挛时尿液不断流出,膀胱只有少量尿液或空虚,导尿管容易插入膀胱。膀胱痉挛时尿常规检查无异常,血清生化检测无异常,也不会引起水肿和低蛋白血症。

导致本病例误诊的原因主要是宠物主人受经济条件限制,不能详细、全面的对病犬进行检查。初诊医生又对医疗费用比较看重,对宠物主人表现出不耐烦,仅对病犬进行简单的用药治疗。用药后病情好转是由于氨苄西林钠对炎症的抑制作用,停药后病情又继续发展,从而导致停药后病情加重。

七、膀胱炎误诊为子宫蓄脓

膀胱炎是指膀胱黏膜和黏膜下层的炎症,多由病原微生物感染所引起,以疼痛性尿频,尿沉渣中见有多量膀胱上皮细胞、脓细胞、红细胞为特征。

【病例介绍】 松狮犬,5岁,雌性,体重22千克。

主诉:近几天此犬尿频且阴门流出脓性分泌物,食欲有所减退,未做绝育手术。经医生检查,此犬阴门附着少量黄色半透明脓性液体,体温39.7℃,呼吸略快,心率基本正常。血常规检查白细胞总数升高至$29.8×10^9$/升,粒细胞升高至$25.6×10^9$/升,其他项目正常。医生根据病犬的临床表现和血常规检查结果,初步诊断为子宫蓄脓,经与犬主沟通后,对此病犬实施卵巢子宫摘除术。打开腹腔后发现此犬子宫无病变,膀胱蓄积少量尿液,触摸膀胱壁增厚且红肿,将膀胱尿液导出后送检,尿液中可见脓细胞和大量白细胞与少量红细胞。探查肾脏和输尿管均无异常,关闭腹腔。术后对该病犬抽血做血清生化检查,血清尿素氮、肌酐等均正常。医生根据剖腹探查结果和各项实验室检测指标诊断为膀胱炎。给予氨苄西林钠1克,稀释后经导尿管注入膀胱,皮下注射头孢拉定40毫克/千克体重,静脉注射甲硝唑8毫克/千克体重,皮下注射恩诺沙星4毫克/千克体重,每日2次,连续用药5天后,此犬排尿次数基本正常,尿液见清亮。又连续用药2天后,此犬排尿基本正常,回家口服头孢氨苄20毫克/千克体重,每日2次,连续用药1周后电话回访,此犬食欲、排尿、精神状态均恢复正常。

【诊疗失误病例分析与讨论】 子宫蓄脓是指子宫内蓄积大量脓液,并带有子宫内膜增生性炎症。此病的发生主要与雌性动物体内激素代谢紊乱、微生物感染、机械性刺激等有关。患病动物表现精神沉郁、厌食,多数表现多饮、多尿,有的呕吐,阴门排出分泌物较多且带有臭味,阴门周围、尾、后肢、跗关节附近的被毛被阴道分泌物污染,一般体温正常,发生脓毒败血症时体温升高。闭锁性子宫蓄脓病例其腹部膨大,触诊敏感,可触摸到扩张的子宫角。子宫显著肥大的病例可见腹壁静脉怒张,有时出现贫血。阴道涂片检查有大量或成堆的嗜中性粒细胞和微生物。X线检查从腹中部至腹下部有旋转的香肠样均质像,有时出现妊娠中期子宫角念珠状膨大像。超声波断层检查扩大的子宫腔呈散射回波,子宫内滞留大量脓液时呈水平上升的回波。

膀胱炎表现为频频排尿或频做排尿姿势,排尿时表现疼痛不安,每次排出的尿量很少,呈滴状流出,尿液浑浊、有氨臭味,并含有多量黏液、血清、血凝块和大量的白细胞等。触诊膀胱疼痛,多呈空虚状态,一般无全身症状,当炎症波及深部组织或同时伴有肾炎、输尿管炎时出现体温升高、精神沉郁、食欲不振等不同程度的全身症状。

导致本病例误诊的主要原因是医生没有进行全面系统的检查,如果再进一步对病犬进行 B 超或 X 线检查,就会排除子宫蓄脓,也可以导尿,观察导出的尿液性状以区别病犬阴门处附着的脓性分泌物的来源。

八、犬前列腺增生误诊为便秘

前列腺增生是犬的常见病,尤其是 6 岁以上的犬约有 60％患有不同程度的前列腺增生,但大多数都不表现临床症状。

【病例介绍】 京巴串种犬,8 岁,雄性,体重 6.7 千克。

主诉:此犬近 8～9 天经常努责,不安,做排便状但无粪便排出,排尿基本正常,食欲逐渐减少,消瘦明显。前一天早晨肛门外翻,做排便姿势,但无粪便排出,到一动物门诊检查,医生诊断为便秘。给予开塞露灌肠,排出少量粪便后,还做排便姿势但排不出粪便。经检查此犬腹壁紧张,腹部胀满,X 线检查显示直肠蓄积大量粪便,也诊断为便秘。对病犬用肥皂水灌肠,在灌肠过程中医生将食指伸入直肠内,在盆腔入口处发现有一个有弹性的球形物体,直径 3 厘米左右,确诊为前列腺增生。经犬主人同意后对病犬进行去势治疗,术后连用 5 天抗炎药,术后 7 天努责明显减轻,食欲恢复正常,能主动排出少量粪便。术后 15 天此犬食欲、排便基本恢复正常。

【诊疗失误病例分析与讨论】 便秘是指肠道内容物和粪团滞积于肠道某部,逐渐变干、变硬,使肠道扩张,直至完全阻塞肠道。患病动物表现食欲不振或废绝,呕吐或呕粪,脉搏加快,可视黏膜发绀。轻症者反复努责,排少量秘结便,腹上部压痛,肠音减弱,直检能摸到硬的粪块。

前列腺增生时,挤压直肠造成排便困难,致使病犬频繁努责,严重时直肠脱出,病犬体征主要表现里急后重,与便秘症状相似。如果临床诊断思路狭窄,极易局限在消化道疾病上,这是造成误诊的主要原因。造成误诊的另一个原因是检查不详细,没有系统地检查,因能造成频繁努责的病因很多,必须在检查时把能引起频繁努责的疾病都考虑到,然后逐一排除怀疑的疾病,最后方可做出确诊。

九、猫多囊性肾炎误诊为胃肠炎

猫多囊性肾炎是一种缓慢渐进的、不可逆转的遗传性肾病,主要发生于波斯猫及其有关品种猫。其临床症状与发生肾衰竭症状相同,这种症状在出生时就可能会产生。多重小囊肿会慢慢变大,引起肾脏极度肿胀,囊肿取代原来的肾组织而导致肾功能减退。

【病例介绍】 波斯猫,6 岁,雌性,体重 3.2 千克。

主诉:此猫近几天经常呕吐,初期呕吐食物,呕吐后还能主动吃少量食物。以后呕吐严重,呕吐物为黄色胃液,无食欲,有时腹泻。近几天消瘦严重,进而就诊。医生经过检查后诊断为胃肠炎。按胃肠炎用药治疗 3 天后病情无明显改善,且精神委靡不振。复诊时医生在对此猫进行腹部触诊时发现此猫双侧肾脏肿大,血常规检查白细胞已升高至 32.7×10^9/升,淋巴细胞升高至 8.2×10^9/升,粒细胞总数升高至 24.3×10^9/升。血清生化检查尿素氮升高至 65.5 毫摩/升,肌酐 367 毫摩/升。B 超检查囊肿已使肾形态畸变,体积增大,边缘不整,包膜回声增强,囊肿为圆形、椭圆形的无回声暗区,轮廓光滑、边缘清晰、壁薄,其回声增强。

检查后经综合分析确诊此猫所患为多囊性肾炎,2 天后此猫死亡。剖检后可见肾脏变大,表面不规则,切面见囊肿布满肾实质。大的囊肿肉眼可见,囊壁薄而透明,囊液为澄清或浑浊的淡黄色液体或血栓液体。

【诊疗失误病例分析与讨论】 事后与宠物主人交谈得知,此猫平时由家里保姆饲养,其实此猫已经有很长一段时间厌食,近 2 天出现呕吐,而且有 3 天左右不排尿。由于保姆惧怕此猫所患疾病与自己平时饲养管理有关,所以没能及时将病猫的状况反映给医生,从而导致医生对疾病的误诊。另外,医生在检查过程中也不够细致,没有触诊腹部,未能及时发现肿胀的肾脏,也没有考虑能引起呕吐、腹泻的其他一些疾病。

十、卵泡囊肿误诊为正常发情

卵泡囊肿是由于卵泡上皮变性,卵泡壁结缔组织增生、变厚,卵细胞死亡,卵泡液未被吸收或者增多而形成的。患卵泡囊肿的犬主要表现为雌激素过剩症,如发情期延长、阴蒂增大、阴道流黏性分泌物、乳房变大且有时可见乳头流出奶水样液体、皮肤出现左右对称性脱毛等,还有的犬表现为多饮、多尿,个别病犬伴有囊性乳房炎、子宫内膜增生等。

【病例介绍】 京巴串种犬,13 岁,雌性,体重 4.6 千克。

主诉:此犬近 20 天左右阴门流出少量血液,外出遛犬时有公犬爬跨,到动物医院咨询医生,医生提起犬尾看到阴门处附有少量淡红色血液,且血液无异味,便告诉犬主此犬正处于发情状态,回家观察就可以了。过了 1 个月,犬主又带犬至动物医院,主诉此犬发情到现在阴门一直流血,近几天食欲有所减退,而且一直有公犬爬跨,医生再对病犬检查时发现此犬阴蒂水肿,阴门附有少量淡红色血液,体温 39.3℃,精神沉郁,有少量脓性眼眵,结膜潮红;血常规检查白细胞升高至 $22.7×10^9$/升,其中粒细胞总数升高至 $19.2×10^9$/升,红细胞正常;B超检查可见左侧卵巢有近似圆形的囊肿区,大小为 50 毫米×35 毫米左右,右侧卵巢囊肿区为 30 毫米×25 毫米左右,且囊内透声性好,确诊为卵巢囊肿。对病犬实施子宫卵巢摘除术,术后用抗炎药 5 天,第八天拆除缝合线时,此犬病情恢复良好,阴门消肿,且无血样分泌物流出。

【诊疗失误病例分析与讨论】 导致本病例误诊的原因是医生忽略了犬的产科知识,对产科知识了解不够。犬的繁殖年限为7~8 年,13 岁的犬发情基本属于异常现象,有可能患有卵巢和子宫疾病。另外,犬的发情时间通常持续 13 天左右,此病犬流血达 20 天左右时医生还认为是发情,未对病犬进行系统和全面地检查,从而造成病程时间延长。

十一、阴道脱出误诊为阴道肿瘤

阴道脱出是指阴道底壁、侧壁和上壁一部分组织肌肉松弛扩张,连带子宫和子宫颈向后移,使松弛的阴道壁形成褶襞镶嵌于阴门之内(阴道内翻)或突出于阴门之外(阴门外翻),可以是部分阴道脱出,也可以是全部阴道脱出。

【病例介绍】 沙皮犬,3 岁,雌性,体重 27 千克。

某犬场饲养 40 多条犬,某日饲养员发现一发情犬阴门有一粉红色包块脱垂于阴门外,饲养员将情况报告场长,场长觉得此犬脱垂于阴门外的包块应该是阴道肿瘤,进而带犬至朋友的动物医院要求对犬进行阴道肿瘤摘除。由于犬主与医生较熟悉,医生也未做检查就对病犬进行麻醉准备手术。当病犬麻醉后,医生在对术部清洁消毒时,发现此包块不是阴道肿瘤,而是阴道脱后所造成的阴道侧壁水肿,遂将脱出的阴道壁进行清洗消毒后,表面涂布抗生素后送入阴道内,将阴门做荷包缝合以防止阴道再次脱出。由于犬处于发情期,雌激素分泌过多,故导致阴道黏膜增生水肿,会阴部组织松弛,引起阴道脱出。所以,在术后注射抗生素防止感染的同时又给予黄体酮拮抗发情时期的雌激素作用。每天早、晚用甲硝唑、氨苄西林钠溶液冲洗阴门,连续用药 7 天后,阴门水肿消退,术后第十天拆线时病犬已恢复正常,拆除缝合线后再未发生阴道脱出的现象。

【诊疗失误病例分析与讨论】 事后经了解得知,该犬场场长与动物医院医生是关系非常好的朋友,所以犬场场长要求医生对病犬进行阴道肿瘤摘除术时,医生根本未做考虑就对病犬进行麻醉准备手术。这种处理疾病的方式对一个临床兽医来说是非常不可取的。兽医在诊断疾病时,首先要听取宠物主人介绍,再通过临床检查获取临诊动物体征,经过认真思考分析才能发现疾病本质所在,否则不仅诊疗容易发生失误,诊疗水平也无法得到提高。

十二、子宫蓄脓误诊为胃肠炎

子宫蓄脓是指大量脓性渗出物蓄积于子宫内。临床上根据子宫开放与否分为开放型子宫蓄脓与闭锁型子宫蓄脓。开放型病例可经阴道排出相当多的脓性或血性脓液样分泌物;闭锁型病例饮水和排尿量显著增多,有时伴有呕吐,阴门肿大增厚,没有阴道分泌物,腹围逐渐增大,腹部两侧明显突出,触诊可摸到肿大的子宫角,且有波动感。本病的病因复杂,与内分泌紊乱、生殖道感染和长期使用类固醇药物有关。

【病例介绍】 雪纳瑞犬,5 岁,雌性,体重 4.3 千克。

主诉:此犬近 2 天呕吐、无食欲、腹泻。经检查此犬体温

38.3℃、眼窝深陷、脱水严重、可视黏膜发绀、呼吸急促、心率快、心音弱；犬瘟热病毒检测阴性，犬细小病毒检测阴性；血常规检查白细胞总数升高至 $27.3×10^9$/升，单核细胞 $0.6×10^9$/升，淋巴细胞升高至 $20×10^9$/升，红细胞 $6.5×10^{12}$/升。据临床症状和检查结果诊断为胃肠炎。给病犬进行抗炎补液治疗，用药 3 天后病犬精神更差，遂转院治疗。转诊医院医生仔细询问病犬病情后，对病犬进行检查，见病犬精神沉郁，腹围增大，食欲废绝，体温 38℃，阴门水肿，腹壁触诊可触到膨大的子宫轮廓。血常规检查白细胞总数升高至 $34.6×10^9$/升，淋巴细胞升高至 $7.2×10^9$/升，单核细胞 $0.75×10^9$/升，粒细胞升高至 $26.65×10^9$/升。X 线检查子宫高度充盈，占据腹腔后部绝大部分的空间。B超检查纵向扫描时呈长条形宽径的无回声均匀液性暗区，上、下有明显的相隔，其相邻的深部显示为类圆形液性暗区，有明显的壁围绕；横向扫描显示多个层叠相向的类圆形无回声液性暗区。故诊断为子宫蓄脓。对病犬实施病理性子宫卵巢摘除手术，术后对病犬进行抗炎补液和营养支持治疗，术后第八天拆线时此犬已完全康复。

【诊疗失误病例分析与讨论】 子宫蓄脓是由于长期或反复孕酮刺激，子宫继发细菌感染引起子宫的病理性变化，也就是说中年母犬发生子宫蓄脓是激素和细菌相互作用导致的结果。子宫蓄脓以中老年犬多发，特别是中老年处女犬。犬子宫蓄脓的严重程度取决于子宫颈的松弛程度、发情周期的阶段、子宫是否存在继发性细菌感染、疾病的持续时间和子宫内的严重程度和生殖道以外的损伤等。

子宫蓄脓最常见的症状是精神沉郁、食欲不振、阴道有分泌物、呕吐、腹泻、多饮、多尿、腹部膨大、阴门水肿。子宫颈开放时可看到阴道分泌物，通常呈黄灰色或暗红色，有恶臭气味；子宫颈闭锁时大量的脓液蓄积在子宫腔内，触诊可摸到膨大的子宫角，通常表现精神沉郁和毒血症，当未绝育的中年犬出现多尿和多饮症状时，多数都是子宫蓄脓的征候，除非证明是其他疾病导致的。导致本病例误诊的主要原因是由于初诊医生对子宫蓄脓的症状、发病年龄等认识不清，以及与胃肠炎的区别认识不充分导致。

十三、睾丸扭转误诊为阴囊炎

睾丸扭转即精索的旋转导致睾丸异常变位和趋于梗阻状态。本病常见于 5 月龄至 10 岁的犬，多见于易发生隐睾的犬种。

【病例介绍】 金毛犬，雄性，2 岁，体重 30 千克。

主诉：此犬从就诊前一天晚上开始不爱睡觉，总用舌头舔舐阴囊，在就诊当天早晨只吃少量食物。值班医生对病犬检查后发现此犬体温、精神状态正常，阴囊皮肤附着大量毛发，当即诊断此犬所患疾病为阴囊炎。用碘伏和红霉素软膏涂布患处，口服阿莫西林克拉维酸钾，告知犬主自己在家用药处理。翌日早晨犬主又带犬到动物医院就诊，主诉此犬开始无食欲，在给病犬患处涂药时，发现右侧睾丸肿大，接近于左侧睾丸 2 倍大小，且在给病犬涂药时病犬表现疼痛。值班医生将病犬仰卧保定，除去附着在阴囊表皮的毛发后发现右侧睾丸不但肿大而且已经开始淤血，触摸患处病犬表现反抗，附睾尾偏向左侧，体温升至 39.6℃，鼻镜干燥；血常规检查白细胞总数升高至 23.2×10^9/升，粒细胞总数升高至 19.3×10^9/升，其他项目正常，表现急性炎症。根据临床症状和综合检查分析诊断为睾丸扭转。经与犬主沟通后对病犬实施去势术，术后给予抗炎药，3 天后病犬食欲和精神状态恢复正常。

【诊疗失误病例分析与讨论】 当阴囊内睾丸发生急性扭转时，扭转的睾丸疼痛剧烈，病犬可呈现轻度低热、不愿活动、步态僵硬、有痛感和呕吐现象。扭转 24 小时后，扭转的睾丸疼痛可能会有所缓解或消失。睾丸扭转 180°时，可能触摸到睾丸或附睾尾的位置异常。当腹腔内睾丸急性扭转时，病犬表现食欲不振、体温升高、呕吐等症状，触诊腹后部有疼痛性肿块。当睾丸为慢性扭转或部分扭转时，可能临床症状不明显，触诊时偶尔会发现腹部有肿块。急性睾丸扭转时,睾丸疼痛剧烈并伴有全身症状,即可做出初步诊断;而腹腔内睾丸扭转的诊断比较困难,可借助于实验室检查和超声波检查帮助诊断,必要时可通过手术进行确诊。

十四、子宫捻转误诊为阴道狭窄

子宫捻转是指子宫沿其纵轴发生程度不同的扭转。子宫捻转发生于妊娠期称为产前捻转,病犬、猫以突然发生疝痛为特征,表现皮温降低、黏膜苍白或发绀、呼吸浅表、脉搏微弱、肌肉张力降低、对刺激反应迟钝乃至消失,严重的发生昏迷等症状;子宫捻转发生在分娩时称为临产捻转,除表现疝痛症状外还可引起难产。

【病例介绍】 松狮犬,2 岁,雌性,体重 2 千克。

主诉:此犬已妊娠 60 天,从前一天晚上开始表现分娩征兆,始终来回频繁走动且频繁表现努责。值班医生对病犬进行检查后,发现此犬结膜潮红、呼吸频率较快,认为是分娩前的正常表现。又对阴道进行指检发现产道狭窄,手指不能顺利进入阴道内部,遂诊断为产道狭窄,建议犬主立即进行剖宫产手术。

病犬麻醉后仰卧保定,术前常规处理,脐后腹中线切口,打开腹腔,见腹水呈淡红色,左侧子宫膨大,子宫壁呈淡红色。触摸子宫体发现子宫扭转,判明扭转方向,将子宫反向转动直到扭转部位折痕消失。子宫复位后将子宫牵至切口,在其周围与切口之间垫上隔离纱布,切开子宫壁取出 3 只已死亡的胎儿,同时除去胎衣,用生理盐水冲洗子宫腔,复位后的子宫已经恢复血液供应,子宫颜色由暗红色逐渐变为粉红色,确定子宫未发生坏死。将子宫壁切口缝合后还纳腹腔,用温生理盐水反复冲洗腹腔,在腹腔中投放阿米卡星 0.4 克后关闭腹腔。术后强心补液,用抗炎药防止感染,连续用药 3 天后该病犬已能进食,连续用药 5 天后该病犬饮食、排便、精神状态良好,拆线时该犬状态已完全恢复正常。

【诊疗失误病例分析与讨论】 子宫捻转是导致难产的主要原

因之一。子宫捻转多发生于分娩阶段,妊娠阶段较少发生。根据捻转的方向不同可分为顺时针捻转和逆时针捻转;根据发生于子宫颈前和子宫颈后,可分为颈前捻转和颈后捻转。

导致本病例误诊的原因主要是不了解子宫捻转的临床表现,而且在诊断疾病过程中未做细致的检查便粗略做出诊断,但对病犬进行剖腹手术属于误诊但未误治。

本病正确的治疗方法是:在犬、猫子宫捻转时提起患病犬、猫的两后肢,疾速向子宫捻转的逆方向旋转,尽量使捻转的子宫复位,如效果不佳可进行剖腹整复术。

十五、胎儿未完全产出误诊为胎儿已完全产出

犬和猫为多胎动物,分娩时胎儿产出的间隔时间差异很大,两侧子宫角分娩出胎儿通常是按顺序轮流产出的。当胎儿头部通过阴门时母犬有疼痛表现,但可迅速产出仔犬,倒生时胎儿也大多能正常产出。有的母犬由于分娩时产生的疼痛造成腹壁紧张或腹压过高,容易使兽医对胎儿是否完全产出做出误判。

【病例介绍】 萨摩耶犬,2岁,雌性,体重23千克。

主诉:此犬为初产犬,从下午3时左右开始分娩,到晚上7时已产出6只幼仔,至晚上10点左右时,还表现努责动作,怀疑可能还有胎儿未产出。医生对母犬检查后发现该犬腹壁紧张,触摸不到子宫内是否有胎儿存在。X线检查子宫显影模糊,无明显胎儿形态显影,告知犬主子宫内胎儿已完全产出,可以放心回家。就在犬主与值班医生道别时母犬又表现出半蹲努责,努责后产下一死亡胎儿,医生再次对母犬检查,触摸腹部感觉腹压减轻,触摸子宫内已无胎儿,做B超检查确认胎儿已完全产出。

【诊疗失误病例分析与讨论】 导致本病例诊疗失误的原因:一是由于此犬产出6只胎儿后3个小时未产出第七只胎儿,分娩间隔时间过长,误导了值班医生的思维。二是母犬腹壁紧张、腹压

过大,导致值班医生未能触摸到子宫内的胎儿。三是由于值班医生对于检查仪器过分依赖,在做 X 线检查时由于操作不当导致曝光条件不合适,使 X 线摄片显影后发暗,不能分辨出高低密度的显影。

十六、假孕误诊为妊娠

假孕又称伪妊娠,是指犬、猫排卵后在未妊娠的情况下出现腹部膨大、乳房增大并可挤出乳汁以及其他类似妊娠的征候群。

【病例介绍】 土种犬,3 岁,雌性,体重 7.3 千克。

主述:此犬 50 多天前发情,平时此犬在外面自由活动不知是否交配过,但近几天发现此犬腹部逐渐变大、乳房膨大,且食欲有所增加,喜卧、不愿活动,故请医生帮助确诊此犬是否妊娠。值班医生对病犬检查后发现此犬已开始泌乳、腹部膨大,告知犬主此犬已经妊娠,要犬主回家做好准备工作,此犬将在 1 周左右临产。10 天后犬主再次将犬带至诊所,主诉此犬最近几天精神状态、食欲等都恢复正常,不过乳房分泌乳汁见多,只是一直未见分娩征兆,想再检查一下此犬是否正常。医生将此犬放到诊疗台上轻轻挤压膨大的腹部,未触摸到膨大的子宫角。进一步做 X 线和 B 超检查,均未发现子宫内有胎儿存在。告知犬主此犬的临诊表现为假孕,采用每天注射甲基睾丸素 2 毫克/千克体重以抑制黄体酮分泌,连续用药 5 天后乳腺泌乳现象逐渐消失。

【诊疗失误病例分析与讨论】 犬在交配未妊娠时,会有一个和正常妊娠期一样长的黄体期或假孕期。犬妊娠期为 58～63 天,假孕期为 50～80 天,假孕是母犬较为常见的现象,假孕虽然不会引起生殖道疾病,但会影响母犬的正常繁殖,造成经济损失。犬假孕有时伴有子宫疾病,会引起严重的后果,轻则不孕,重则引起死亡。

假孕多发生于发情后 1～2 个月,临床表现与正常妊娠非常相似,病犬腹部逐渐膨大,触诊腹部能感觉到子宫角增粗,但触摸不到胎囊和胎体。乳腺发育胀大,并能挤出乳汁,但体重变化较小。行为发生变化,如设法搭窝、母性增强、厌食、呕吐、表现不安、急躁等。假孕的临床表现程度不一,严重者可出现临近分娩时的症状,部分母犬在配种45天后,增大的腹围逐渐变小。发生假孕的母犬有时伴有生殖道疾病,如子宫蓄脓等。假孕可根据配种情况、腹部触诊、临床症状以及 X 线和 B 超检查结果进行确诊。

治疗上可用抗促乳素药物降低血液中促乳素的浓度,如采用溴隐亭2毫克/千克体重,每日1～2次,连用3天。雄性激素如甲基睾丸素,主要是通过对抗雌激素,抑制促性腺激素分泌从而起到回乳作用,2毫克/千克体重,每日1次,连用3天。利用前列腺素可加速黄体溶解,可以终止假孕,每次1～2毫克,连用2～3次。对不用于繁殖而且常发生假孕的母犬,可以考虑进行绝育,摘除卵巢是唯一的永久性预防措施。

十七、胎儿多肢畸形误诊为双胎

有的难产是由于胎儿畸形造成的,如胎儿水肿、胎儿腹腔积水、裂腹畸形等。但胎儿畸形毕竟很少见,所以胎儿畸形引起的难产比率并不高。故在助产时,很容易忽视胎儿畸形所造成的难产。

【病例介绍】 英国斗牛犬,3岁,雌性,体重18千克。

此犬在就诊2个月前发情交配,并于就诊前一天晚上开始分娩。至来诊时已分娩3只仔犬,犬主在家触摸腹部感觉子宫内还有胎儿,意识到此犬可能是难产,进而到医院就诊。值班医生通过阴道指检后发现胎儿两后肢已经到达骨盆腔入口处,随后将胎儿两后肢向外牵引但牵引困难,又将胎儿推至骨盆腔。进行 X 线检查,通过 X 线摄片显影可见6条胎儿腿骨和2个头骨影像,医生诊断为腹内还有2只胎儿。因助产困难,与犬主协商后对病犬实施剖宫产。

病犬麻醉后仰卧保定,术部剃毛消毒,术部创巾隔离,脐后腹中线切口,显露子宫将子宫牵拉出切口用纱布隔离,切开子宫壁取出胎儿,将胎儿取出后发现子宫内只有1只胎儿。胎儿有6条腿、2个头,为畸形胎。将子宫内胎盘取出,用生理盐水冲洗子宫,放入阿米卡星后两层内翻缝合子宫壁,将子宫送入腹腔后闭合腹腔。

【诊疗失误病例分析与讨论】 本病例由于胎儿畸形,胎儿赘生2条前腿和头部而造成难产。造成畸形的原因不十分清楚,一般认为是在胚胎分化发育过程中出现异常而造成的。

导致本病例诊断失误的原因是兽医阴道指检时没有仔细检查,在判读X线摄片时看到有2个胎头和6条胎儿腿骨显影就轻率诊断为有2只胎儿。在进行剖宫产时才发现是畸形胎儿。畸形胎儿在临床上并不多见,因此兽医在临床诊断时应仔细检查,如果确诊为畸形胎儿而造成难产,应先整复胎儿位置助产拉出胎儿;如果经整复后仍无法拉出胎儿,应迅速做剖宫产;如果确诊胎儿已经死亡,可考虑截胎术将赘生部分切除后再拉出胎儿。

十八、助产导致子宫破裂

子宫破裂可分为子宫不完全破裂和子宫完全破裂。子宫不完全破裂是指子宫黏膜或黏膜肌层破裂。子宫完全破裂又叫子宫穿透伤,是指子宫黏膜、肌层和浆膜均破裂,如果破口很小称子宫穿孔。子宫破裂大多与助产粗暴、不按技术操作规程操作、与助手配合不当等引起,也可因胎儿数量过多、胎儿过大、胎位不正或子宫扭转等原因造成,在发生难产时盲目使用催产药或冲洗子宫不当也可造成子宫破裂或穿孔。

【病例介绍】 雪纳瑞犬,5岁,雌性,体重8千克。

犬主王某因犬难产带犬至动物医院就诊。医生通过阴道检查发现胎儿较大,虽然两后肢已通过骨盆腔,但胎头被卡在骨盆腔入口处,值班医生建议犬主对犬实施剖宫产。犬主因家里的另一只母犬剖宫产后导致伤口感染，很长一段时间才愈合，故不同意手术，要求医生实施助产。

医生要求助手挤压病犬腹部，医生固定住胎儿两后肢用力向外拖拽，当拉出第一只胎儿的同时从母犬阴门流出大量鲜血，且母犬表现疼痛、嚎叫，医生怀疑子宫破裂，对母犬进行 X 线检查，发现腹腔内的两只胎儿，其中一只胎儿的头部与母体肝脏重叠，且子宫显影不明显，判断为子宫破裂，当即对母犬进行剖宫产。剖腹后发现子宫破裂，破口大小 5 厘米左右，羊水和血液流入腹腔，立即找到出血点对出血点进行结扎止血，取出腹腔内的 2 只死胎后，对母犬实施子宫卵巢摘除术。对腹腔用大量温生理盐水进行冲洗，直至清亮，在腹腔内投入阿米卡星 0.2 克后缝合腹壁。术后静脉注射抗炎药、止血药和犬血浆，3 天后该犬已能主动吃食，至 8 天拆线时已恢复正常。

【诊疗失误病例分析与讨论】 导致本病例诊疗失误的主要原因是值班医生在对病例进行处置时受到犬主的误导和干扰，导致未能对妊娠母犬及时进行剖宫产，使母犬未能得到最好的救治。作为兽医工作者，在处理临床病例时不能因宠物主人的误导和干扰而改变正确的处置方法，应通过努力使宠物主人认识到应该怎样对病犬做最佳的处置。

十九、绝育后卵巢未完全摘除导致持久发情

犬和猫的卵巢子宫摘除能够改变各种内分泌状态，常用于绝育、治疗子宫蓄脓、生殖道肿瘤和增生症，也用于治疗糖尿病或因难产而伴发子宫坏死等情况。

【病例介绍】 狸花猫，4 岁，雌性，体重 4.2 千克。

主诉：因家人不堪此猫发情嚎叫，于 2 年前在当地的一家动物医院做过子宫卵巢摘除术。手术后最初的一段时间此猫状态正常，间隔 4 个月此猫又表现发情症状，每天不停嚎叫，特别在夜间

更加严重。家人和邻居对此猫发出的叫声苦不堪言。到做手术的动物医院咨询此猫已做完绝育手术为何还表现发情症状,且不断地嗥叫。当时的手术医生告诉宠物主人,由于当时手术时切口不合适,向切口外牵拉卵巢时较困难,又怕将卵巢动、静脉拉断造成大出血,所以只将此猫的子宫摘除,而未完全将卵巢摘除。听过主人的讲述后值班医生告诉动物主人由于猫的卵巢较小,若要检查确认是否卵巢未摘净有一定困难,建议剖腹探查,宠物主人同意剖腹探查。

病猫麻醉,仰卧保定,术部剃毛,常规消毒后用创巾隔离术部,脐前腹正中线切口显露腹腔后先找到左肾,沿左肾找到已与大网膜粘连未摘除的卵巢,双重结扎卵巢动、静脉后将卵巢摘除。用同样方法找到另一侧卵巢并将另一侧未摘除的卵巢摘除。术后注射3天抗炎药,术后7天拆除缝合线,拆线时此猫的状态已恢复正常,不再嗥叫。术后2个月和4个月时电话回访宠物主人,告知此猫状态正常,再未发生过发情嗥叫。

【诊疗失误病例分析与讨论】 导致本病例诊疗失误的主要原因是先前的手术医生技术不熟练所造成。由于先前的手术医生对手术动物的解剖生理不了解,手术通路错误,切口靠后,未能完全将子宫和卵巢牵拉出腹腔。手术中怕出现大出血造成医疗事故,产生医疗纠纷,从而未完全将卵巢摘除,导致卵巢遗留在腹腔内,继续分泌激素,促进卵泡发育,引起持久发情。

二十、产后缺钙误诊为有机磷农药中毒

产后缺钙又称产后癫痫、产后抽搐症、产后子痫,是母犬分娩后多发的严重代谢病。常见于小型犬,大型犬很少发生,猫较少发生。多发生于产后5~30天,而发生于产后7~22天的占发病数的75%左右。

【病例介绍】 萨摩耶犬,1.5岁,雌性,体重22千克。

主诉：犬主早晨带犬至公园遛弯1小时左右，在遛弯过程中将牵绳松开让犬自由活动，回家后30分钟左右此犬发生抽搐，怀疑中毒，进而就诊。值班医生对病犬进行检查后发现此犬牙关紧闭、四肢强直、流涎、心律失常、呼吸急促、体温39.6℃，症状符合有机磷农药中毒的初期症状，立即给病犬注射阿托品、解毒敏、呋塞米，静脉注射10%葡萄糖注射液和维生素C。用药后病犬症状不但未得到缓解，反而四肢抽搐更加严重。输液过程中与犬主交流得知该犬在半个月前分娩了8只仔犬，目前正处于哺乳阶段。值班医生觉得此犬症状更符合产后急性缺钙，立即用5%葡萄糖注射液150毫升、10%葡萄糖酸钙注射液20毫升静脉注射，当液体注射至3/4时，病犬症状基本消失，当全部液体输完时病犬状态已恢复正常。

【诊疗失误病例分析与讨论】 导致产后缺钙的直接原因是动物分娩后血钙浓度急剧降低，而血钙浓度降低一是由于动物分娩后，大量的钙进入乳汁，导致血钙下降，而母犬血钙进入乳汁的数量超过机体从肠管吸收和从骨骼动用数量的总和，就会引起发病。二是动物骨骼中储备钙能力降低和骨骼中钙量减少，也会导致血钙降低。妊娠前犬甲状腺功能减退，分泌的甲状旁腺激素减少，因此动用钙的能力降低。在妊娠后期由于胎儿发育消耗和骨骼吸收能力的减弱，骨骼中储备的钙量已大为减少，因此即使甲状腺功能受到影响不大，骨骼中能动用的钙量也不多，不能补偿产后钙的大量丢失。三是分娩后从肠道吸收钙量减少，也是引起产后缺钙的原因。妊娠末期胎儿增大、胎水增多，占据腹腔大部分空间，挤压胃肠道，影响正常活动，降低消化功能，导致从肠道吸收的钙量减少。

产后急性缺钙的治疗，一般是静脉注射10%葡萄糖酸钙注射液10～20毫升，效果显著，一次即可治愈。静脉注射时严禁将药液漏入皮下。同时，皮下注射维丁胶性钙注射液，每日1次，每次1毫升，连用数天，还要口服钙片防止复发。

导致本病例误诊的主要原因是值班医生轻信犬主的诉说，忽视问诊、未能深究、忽略分析、盲目治疗，虽然病犬最后得到了正确的救治，但在治疗时间上有所延误，导致病犬没有得到及时、合理的救治。

二十一、产后缺磷误诊为缺钙

无机磷酸盐是动物机体蛋白质和组织酶合成的一种必不可少的成分，同时在碳水化合物的中间代谢产物和肌肉的化学反应、肌酸的中间代谢中起着重要的作用，如果食物中缺乏无机磷酸盐导致血液中磷含量不足，不但可引起动物骨骼、牙齿发育异常，而且能使肌肉收缩发生障碍，可导致动物卧地不起等症状。

【病例介绍】 巨型贵妇犬，4 岁，雌性，体重 18.5 千克。

某动物诊所接诊一经产母犬，此母犬于 17 天前生产 6 只仔犬，产后食欲、排便、精神状态一直均无异常，发病当天主人早起时发现此犬后肢不能站立，呈犬坐式。经值班医生检查后发现针刺病犬后肢、臀部、尾部均有明显疼痛感，强行驱赶时出现张口呼吸、伸舌、呻吟等症状，体温 38.9℃。值班医生对病情进行询问和检查后诊断为产后缺钙，静脉注射 10％葡萄糖酸钙注射液 20 毫升，肌内注射维生素 D_3 5 万单位，连续用药 3 天后，病情未见好转。为确诊病情检测血钙和血磷，结果血清钙为 2.16 毫摩/升，血清磷为 0.56 毫摩/升，最后诊断为低磷血症。

治疗方法：每天在食物中添加磷酸二氢钠粉 5 克，静脉注射 10％磷酸二氢钠注射液 30 毫升，每日 1 次，每天翻身 3～5 次，并按摩四肢，连续用药 3 天后，病犬突然站立。抽血检测血磷为 0.75 毫摩/升，又继续静脉注射磷酸二氢钠 2 天后，病犬功能状态基本恢复正常，为防止哺乳期再发生低血磷症，每天在食物中添加磷酸二氢钠 3 克左右。

【诊疗失误病例分析与讨论】 机体缺钙和缺磷在临床症状上

没有明显的区别,要确诊必须检测血钙、血磷的含量。在没有条件检测的情况下,可先试用钙、磷制剂交替治疗或先补钙治疗,无效时再改用补磷治疗。

本病例为急性低血磷症,长期的慢性缺磷会导致动物生长缓慢、发生佝偻病、生长停滞、性成熟延迟、繁殖功能降低、异食癖等。钙和磷是骨骼的重要组成部分,磷的缺乏会影响钙的代谢,同时磷摄入过多也会影响钙的代谢,所以磷摄入过多或减少都会影响骨骼的生长发育和形成。

二十二、剖宫产导致休克误诊为死亡

在剖宫产时,若胎儿数量较多、较大,或腹压过大时向腹腔外牵拉子宫过快,造成腹内压突然下降,可导致心脏、肺脏、脑等器官血量急剧减少,引起母体休克,严重的可导致死亡。

【病例介绍】 松狮犬,3岁,雌性,体重28千克。

主诉:此犬从昨天晚上9时左右开始表现分娩征兆,从午夜时分开始努责,从阴门可摸到胎头,但一直生不出来,故到医院请医生助产。值班医生看到此妊娠母犬肚腹膨大,运动不便,且从阴门直检触摸胎头较大,建议犬主先对妊娠犬做B超和X线检查,然后再做处理。经检查此犬怀胎儿较多,为8~10个,且胎儿较大,诊断为胎儿性难产,与犬主沟通后对妊娠母犬进行剖宫产手术。

将母犬麻醉,仰卧保定,脐后腹中线切口显露腹腔,立即将两侧子宫角从腹腔内牵拉至切口外面并用纱布隔离子宫,并在子宫壁切口并迅速将子宫内的胎儿逐个取出。当手术人员处理完子宫正要缝合子宫时,一名手术助手发现母犬舌伸出口腔呼吸停止,并将情况报告术者,并进行全身检查,发现母犬已经听不到心跳,瞳孔放大,可视黏膜苍白,全身肌肉松弛,各种反射消失。术者通知犬主,该母犬已死。解开保定绳将母犬放到一纸箱内,就在犬主与值班医生交涉过程中,也就是在将犬放入纸箱内40分钟左右,诊所护士看到纸箱左右摇晃，走到纸箱前发现母犬站了起来，手术切口露出大片内脏。医生又重新将母犬麻醉、保定，清洗切口处的内脏和切口，缝合子宫壁切口和腹壁为防止引起腹膜炎，在腹腔内放入 0.4 克阿米卡星，术后连用 7 天抗生素以防感染，术后 15 天伤口才完全愈合。

【诊疗失误病例分析与讨论】 动物在进行剖宫产时，如将子宫或胎儿迅速取出，会使腹内压突然降低，大量血液流入腹腔器官内使心脏、脑等器官缺血和缺氧而造成休克。有时这种休克是一过性的，可通过机体的自身调节逐渐恢复正常，也有的发生不可逆性休克，最后导致死亡。

导致本病例诊疗失误的原因主要是由于医生为了追求手术时间，将子宫迅速拉出切口，忽视拉出速度过快会出现休克，突然出现休克后又手忙脚乱没有仔细检查。因出现休克时动物心跳十分微弱，若不在很安静的环境下仔细听诊心跳，很容易误认为心跳停止，母犬已经死亡，结果腹壁和子宫切口都未缝合，造成腹腔脏器脱出，子宫内容物流入腹腔内，导致腹腔和手术切口被污染，延缓伤口的愈合，增加治疗成本和治疗时间。

二十三、公猫误当母猫阉割

【病例介绍】 狸花猫，2 岁多，雄性，体重 3.5 千克。

主诉：此猫已 2 岁多，已生过 1 窝猫崽，每间隔 3～4 个月就出现 1 次发情，每次发情时嚎叫不安，影响家人和邻居的休息，故请求医生对猫进行手术阉割。医生接过猫后对猫的体况进行了检查，根据结果认为可以进行麻醉手术，随即对猫进行全身麻醉，仰卧保定，术部剃毛消毒，脐后腹白线切口。打开腹腔后，医生将卵巢钩伸入腹腔，连续 2 次都未能将卵巢牵拉出腹腔。医生又将手指伸入腹腔，也始终找不到卵巢和子宫，又将部分肠管取出，也未能找到卵巢和子宫，这时手术助手提醒医生看是否为公猫，医生用手触摸猫的会阴部,发现 2 只睾丸,确定为公猫,最后只好先将腹部切口缝合,然后再按公猫去势术将猫的 2 只睾丸摘除。

【诊疗失误病例分析与讨论】 事后经了解,猫主人家中饲养 10 多只猫,来医院时错将公猫抱来。虽术前是猫主人口述错误,但错误的发生与医生有直接关系,因医生在手术前没有进行详细的检查,虽做全身检查,但只对猫的体重、体温、体况、呼吸、心率等情况进行检查,而未对生殖器官进行检查,以区别是公猫还是母猫。另外,公猫的生殖器官比较特殊,其阴茎短小,包皮开口在腹内侧,同时猫的毛又轻软,睾丸、包皮易被毛覆盖,若不仔细检查,不易被发现。总之,在兽医临床上容不得有任何马虎,阉割虽然是小手术,也应当进行仔细的检查。

二十四、睾丸肿瘤误诊为睾丸炎

睾丸肿瘤常见于犬,特别是高龄犬,此类肿瘤随着犬年龄的增大会逐渐变大,造成行动不便等。

【病例介绍】 德国牧羊犬,7 岁,雄性,体重 46 千克。

此犬在就诊前 3 个月发现一侧睾丸增大,饮欲、食欲、精神状态均没有变化,犬主人没有在意。就诊前 20 天发现病侧睾丸增大至鹅蛋大小,由于犬主工作较忙且病犬没有任何不良反应,也没有带犬到诊所就诊。近几天发病一侧睾丸越来越大,病犬活动有些受限,遂到动物医院就诊。接诊医生看到此犬精神状态很好,饮、食欲正常,只是病侧睾丸增大到拳头大小,诊断为睾丸炎。治疗采用头孢曲松钠 2 克、地塞米松 5 毫克,用注射用水稀释皮下注射,每日 1 次,连用 5 天。5 天后病犬复诊,主诉用药治疗后肿大的睾丸没有丝毫消退,复诊医生对病犬检查,发现体温 38.8℃,精神状态良好,饮、食欲正常;触摸睾丸一侧正常,病侧阴囊与睾丸活动正常,睾丸实质坚硬,穿刺检查肿块无液体流出,排除囊肿、脓肿或血肿,怀疑为睾丸肿瘤,进而决定对病侧睾丸进行手术摘除。

术前准备好手术器械和药品，高压蒸汽灭菌，手术人员手臂消毒完毕后，对病犬注射麻醉药，待其麻醉后，仰卧保定在手术台上，术部剃毛消毒。用手术刀将肿块处表皮切开，钝性分离结缔组织，见到肿大的睾丸，用手和刀柄将肿大的睾丸组织从边缘整体剥离，使整个肿大的睾丸显现，用止血钳将肿大睾丸血管和精索全部夹住，并在止血钳上部双重结扎血管后，将肿大的睾丸全部切除，用缝合线连续缝合结缔组织，结节缝合皮肤，伤口涂抹消炎药膏。

术后将肿大的睾丸组织固定，用常规方法制作石蜡组织切片置于显微镜下观察肿块组织。观察结果表明，肿块组织细胞向间质细胞分化，形成幼稚或成熟间质细胞，偶见棒状结晶，通过上述检查确诊该犬睾丸肿块为间质细胞瘤。

手术完成后，将病犬由手术室转移至注射室，静脉注射生理盐水 250 毫升、头孢曲松钠 1 500 毫克；皮下注射安络血和复合维生素 B。连续用药 5 天，术后 8 天拆除缝合线时，病犬已经基本恢复正常。

【诊疗失误病例分析与讨论】 导致本病例诊疗失误的主要原因是由于在初次就诊时，医生没有认真详细地检查和收集资料，以证明病犬所患疾病的病性，只抓住病犬睾丸肿大这一突出的表象而草率地做出诊断，从而导致误诊和误治。在睾丸发生炎症性肿大时通常表现红、肿、热、痛，触摸抗拒敏感，而睾丸肿瘤通常只表现体积增大，不会表现红、肿、热、痛。若能仔细触摸肿大的睾丸，再进一步进行细针抽吸采集病料进行病理组织学检查，可以对病犬所患疾病进行确诊，从而避免诊疗失误的发生。

第五章 血液循环和造血系统 疾病诊疗失误病例分析

一、二尖瓣闭锁不全误诊为慢性支气管炎

二尖瓣闭锁不全是由于二尖瓣瓣膜增厚、腱索延长,使瓣膜发生改变,使心缩期左心室血流逆流进入左心房的现象,主要表现为左心功能不全。二尖瓣闭锁不全是兽医临床上最常见的犬心脏病,主要发生于老龄犬,多见于长毛狮子犬、吉娃娃犬、狐狸和波士顿狸等犬种,雄犬较雌犬易患本病。

【病例介绍】 京巴犬,13岁,雌性,体重8.7千克。

主诉:最近6个月左右此犬经常在早晨和傍晚时分表现咳嗽,有时咳嗽时还流少量鼻液。平时饮、食欲均无异常。最近几天咳嗽严重,特别是后半夜时尤为明显,曾在家喂过阿莫西林、甘草片,但症状无明显好转。值班医生看到此犬流少量水样鼻液、体温正常、呼吸稍快、呼吸音略显粗厉,立即诊断为支气管炎,并告知犬主不用担心,此犬用药3天症状基本就会得到缓解。给予皮下注射头孢曲松钠50毫克/千克体重、阿米卡星15毫克/千克体重,每日1次,连续用药3天后,症状不但未得到缓解且咳嗽加重,病犬张口呼吸、呼吸困难,犬主带犬转院治疗。

转诊医生听过病情介绍后,检查发现此犬舌苔黄厚、可视黏膜发绀,且运动不耐受,稍运动后即呼吸困难、咳嗽加重。听诊心律失常,心音杂乱,可听到全缩期杂音,胸部触诊有震颤;胸部X线检查可见左心室、左心房扩张,肺脏轻度水肿;B超检查可见心缩期左心室血流逆流进入左心房;血常规检查除白细胞总数和粒细胞总数稍有升高外,其他均无异常,最后确诊为二尖瓣闭锁不全。

治疗给予口服利尿剂呋塞米 4 毫克/千克体重，每日 2 次；口服降压药贝那普利 0.5 毫克/千克体重，每日 1 次；口服抗充血性心衰药匹莫苯丹 0.5 毫克/千克体重，每日 2 次；口服抗炎药阿莫西林克拉维酸钾 20 毫升/千克体重，每日 2 次。用药第二天此犬症状即有缓解，用药 3 天后，食欲有所恢复，呼吸均匀。医生将呋塞米停药，再用药 5 天后，血常规检查各项指标均恢复正常，病犬食欲和精神状态均无异常，再停用阿莫西林克拉维酸钾和匹莫苯丹，只口服降压药贝那普利维持治疗。

【诊疗失误病例分析与讨论】 导致本病例误诊的主要原因是由于初诊医院医生犯经验主义错误，只看到病犬的表面症状，没有进一步对病犬进行检查导致漏诊，由于误诊而导致误治，使病犬病情更加严重。

二尖瓣闭锁不全主要是左心功能不全所表现出的一系列症状。初期表现为运动时气喘，以后发展为安静时呼吸困难以及夜间发作性呼吸困难，夜间发作性呼吸困难主要发生于半夜 11 时至凌晨 2 时左右，以此可与慢性支气管炎导致的咳嗽和阵发性喘息相鉴别。若并发感染慢性支气管炎时则难以诊断和治疗。诊断本病主要根据听诊可听到全缩期杂音，心电图 P 波幅增宽，呈双峰性，RS 波群中的 R 波增高，ST 波随病情发展而下降；B 超检查，心缩期左心室血流逆入左心房。治疗原则为加强心肌收缩力，使心搏出量增加，消除水肿，减轻心脏负荷，扩张血管减轻心脏后负荷。

二、永久性右位主动脉弓误诊为胃炎

永久性右位主动脉弓是犬在胚胎期主动脉弓发生异常的先天性血管畸形，临床上以持续呕吐为特征。正常犬在胚胎期，主动脉由左主动脉弓发育形成。发生本病时，左主动脉弓不发育成主动脉，而右主动脉弓发育成主动脉。由右主动脉弓发育而成的主动脉在胸部食管右侧行走,把气管、食管和肺动脉挤向左侧。这样,食管和气管的右侧为主动脉,腹侧为肺动脉的主干和心脏基部,左背侧为动脉管,由这几部分形成血管环,把食管和气管包围在里面,导致食管闭塞和食物通过困难,但气管功能不受影响,呼吸无异常。

【病例介绍】 拉布拉多犬,4 月龄,雄性,体重 12 千克。

主诉:此犬近一段时间经常呕吐一些未消化的犬粮,排便、精神状态等均正常,且食欲特别强,但是逐渐消瘦。医生对病犬检查后发现此犬体温、精神状态均无异常,肠蠕动音正常;血常规检查各项均无异常;犬瘟热病毒、犬细小病毒、犬冠状病毒抗原检测均为阴性,排除传染病感染。医生针对检查结果和病犬表现症状诊断为胃炎。给病犬输液治疗,给予 5%葡萄糖注射液 80 毫升、奥美拉唑 10 毫克,静脉注射,每日 1 次;生理盐水 80 毫升、氨苄西林钠 0.5 克,静脉注射,每日 1 次。连续用药 2 天后主诉,病犬有时吃食后呕吐,有时吃食后不呕吐,即喝水和饲喂流食时不呕吐,若单独饲喂犬粮则每次喂完 30 分钟左右呕吐。每次喂食时,食欲都特别强且吃食特别快,感觉十分饥饿。医生感觉不像胃炎症状,又进一步进行 X 线检查,空腹 X 线检查腹部消化道无异常,灌服硫酸钡造影发现气管和食管左移,心基部前方食管扩张,确诊为永久性右位主动脉弓。医生将此病例转至目前国内条件和技术较好的一家动物医院进行开胸手术治疗,后来经了解此犬手术后康复。

【诊疗失误病例分析与讨论】 导致本病例误诊的原因主要是医生对病情考虑不周全,当病犬呕吐时只考虑到胃以下的消化道,而未考虑到食管部分。临床上若遇到呕吐的病例应观察和询问呕吐物的性状、颜色以及呕吐的次数等,再考虑呕吐的原因,详细对病例进行检查分析后,再进行确诊。

永久性右位主动脉弓的症状主要表现为病犬的精神、食欲正常,流食可进入胃内,固体和半固体食物在进食后数分钟至 30 分钟左右发生持续性呕吐,然后将呕吐物重新食入。病犬营养不良、消瘦、脱水。硫酸钡餐后透视胸侧位和背腹位，可见气管和食管向左移位，心基部前方食管扩张。

治疗本病可采取开胸术，结扎并切断血管环，松开缠绕的食管，分离狭窄部周围组织，使食管呈游离状态。术后让病犬站立喂食，使食物顺利进入胃内，以利于扩张后食管的恢复。

三、心包积液误诊为心包炎

心包积液是指心包腔内有大量液体积聚引起的疾病。根据液体性质可分为渗出性、露出性和出血性心包积液等。

【病例介绍】 金毛犬，8月龄，雄性，体重17千克。

某动物医院医生接诊一病例，主人说此犬以前特别爱跑跳，近一段时间运动量减少，整天在家睡觉，感觉性格有所改变，且食欲也有所减退。经检查此犬形体消瘦、呼吸急促、运动不耐受、易疲劳、体温正常。根据此犬所表现症状，排除传染病感染；血液涂片和粪便虫卵检查也未发现寄生虫感染；血常规检查白细胞总数升高至 $22.3×10^9$/升，淋巴细胞总数为 $3.2×10^9$/升，单核细胞总数为 $0.6×10^9$/升，粒细胞总数为 $18.5×10^9$/升，其他项目均正常；听诊心率加快且心音不清晰；X线检查发现此犬心脏呈球形扩张。根据临床症状和检查结果诊断为心包炎。给予抗炎药和强心药，连续用药治疗6天后，该犬死亡。在征得犬主人同意后对病犬实施剖检，发现心包积有大量血性液体，且积液内混有少量血凝块，最后诊断为心包积液。

【诊疗失误病例分析与讨论】 导致本病例误诊的主要原因是由于心包炎和心包积液的症状比较相似，医生对化验结果过分依赖，在血常规检查时发现白细胞总数和粒细胞总数升高，有炎症表现，就认为本病例是由于炎症造成的。对心脏听诊不细致，心包积液时，心音遥远；心包炎时心音不但遥远还可听到心脏摩擦音。在做X线检查时，看到心影增大就草率下结论做出诊断，没有考虑引起心影增大的其他疾病而加以鉴别。

四、心力衰竭误诊为肺水肿

心力衰竭是指心肌收缩减弱导致心输出量减少,静脉回流受阻,呈现皮下水肿、呼吸困难、黏膜发绀、体表静脉过度充盈乃至心搏骤停和突然死亡的一种综合征,也称心脏衰竭、心功能不全。按病程可分为急性和慢性;按病因可分为原发性和继发性;按发生部位可分为左心衰竭、右心衰竭和全心衰竭。

【病例介绍】 马尔济斯犬,3岁,雌性,体重4.5千克。

主诉:此犬突然倒地不起,四肢瘫软。经检查此犬高度呼吸困难,鼻孔流出血样泡沫性液体。听诊心律失常、心音亢进,诊断为肺水肿。立即对病犬注射利尿剂和强心剂,在用药后2分钟左右病犬发生角弓反张,四肢呈阵发性抽搐,持续5分钟左右该病犬死亡。死后对病犬进行剖检,见左侧第四至第七肋骨骨折,骨折的肋骨刺入心左心房和肺叶引起大出血,导致急性心力衰竭而死亡。事后经了解此犬在家被主人踢过左侧胸部。

【诊疗失误病例分析与讨论】 心力衰竭是一种综合征而不是一个独立的疾病,任何导致心肌收缩力减弱、心输出量不足的因素均可引起心力衰竭。本病例是由于肋骨骨折后刺入左心房和肺叶导致急性大出血、心输出量不足,导致急性心力衰竭。骨折的肋骨刺入肺部后,出血进入气管与气体混合后形成血性泡沫样液体从鼻孔流出,导致值班医生误以为是肺水肿。肺水肿从鼻孔流出的血性泡沫大多为粉红色且气泡中血色较淡,而出血性泡沫的颜色为鲜红色,且血液较黏稠,应区别开来。

左心衰竭时可引起肺循环障碍、肺淤血、肺水肿。肺水肿也可引起呼吸和循环障碍,引起心输出量减少导致心力衰竭,这在临床鉴别上有一定难度。

五、溶血性贫血误诊为营养不良性贫血

单位容积血液中红细胞数、红细胞压积容量和血红蛋白含量低于正常值下限的综合征称为贫血。贫血可分为出血性贫血、溶血性贫血、营养性贫血和再生障碍性贫血。贫血不是独立的疾病，而是一种临床综合征，其主要临床表现是皮肤和可视黏膜苍白，以及各组织器官由于缺氧而发生的一系列症状。

【病例介绍】 波斯猫，雌性，3岁，体重3.2千克。

主诉:此猫10天前做过绝育手术，近几天食欲减退，已有3天不食。经检查此猫精神委靡，体温39.3℃，形体消瘦，呼吸急促，无食欲，可视黏膜苍白且发绀。血常规检查白细胞总数19.63×10^9/升，淋巴细胞总数2.3×10^9/升，单核细胞总数0.53×10^9/升，粒细胞总数16.8×10^9/升，红细胞总数3.5×10^{12}/升。根据此猫最近一段时间食欲不振且有3天未进食，医生诊断为营养不良性贫血。给予口服补血剂硫酸亚铁，皮下注射复合维生素B，口服生血宝营养膏。在第二天复诊时与宠物主人交谈中得知，此猫在手术后第五天时摸耳朵感觉发热，曾喂过1粒扑热息痛，然后此猫就开始食欲减退，最初2天表现流涎，近几天还表现血尿，得知这个情况后医生怀疑此猫为扑热息痛中毒，采血进行涂片，姬姆萨氏染色后镜检可见大量红细胞出现海恩茨氏小体，且此时病猫已出现黄染。根据主诉、病猫的临床症状和检查结果，最后诊断为扑热息痛中毒引起的溶血性贫血。给予特效解毒药乙酰半胱氨酸和抗氧化剂，并给予碳酸氢钠碱化尿液，同时使用补血剂和抗炎药，经治疗此猫最后康复。

【诊疗失误病例分析与讨论】 临床上遇到贫血的病例首先要搞清楚贫血的类型和原因，再进行治疗。现在临床上有很多医生遇到贫血就使用抗贫血药，不去思考、分析贫血的类型和原因，从而导致误诊和误治。红细胞过度破坏所引起的贫血称溶血性贫血,常伴有黄疸。而猫在扑热息痛中毒时血红素会转变为高铁血红蛋白而失去携氧能力,血红蛋白在氧化过程中由于形成二硫键而析出,出现海恩茨氏小体。海恩茨氏小体被肝脏、脾脏的巨噬细胞吞噬,引起红细胞表面积减少,生命周期缩短,故在治疗上应给予特效解毒药乙酰半胱氨酸,同时还要注意肝、肾的保护和治疗。

第六章　神经系统疾病诊疗失误病例分析

一、中暑误诊为中毒

中暑是指在高温和热辐射的长时间作用下，机体体温调节障碍，水、电解质代谢紊乱，以及神经系统功能受到损害而引起的一系列症状的总称，包括日射病、热射病和热痉挛。日射病是指在炎热季节，动物身躯尤其是头部受到日光直接照射，引起脑及脑膜充血和脑实质急性病变，导致中枢神经系统发生功能障碍的疾病。热射病是指在炎热夏季时，环境潮湿闷热，动物新陈代谢旺盛，产热多、散热少，体内积热，引起严重的中枢神经系统功能紊乱的疾病。热痉挛是指动物大量出汗后水、盐损失过多引起肌肉痉挛性收缩的疾病。

【病例介绍】　萨摩耶犬，3月龄，雄性，体重6千克。

2009年7月30日，犬主王某带犬至宠物医院就诊。当时该犬体温41℃，四肢痉挛、呈划水状，可视黏膜发绀，呼吸急促，流涎，心音亢进，心率疾速。主诉此犬中午在外面牵遛，回家后不久发病，可能是吃入毒鼠的毒饵，而且家里另外一只没有外出牵遛的犬，没有任何症状。医生通过病犬临床症状和主诉内容诊断为中毒。迅速皮下注射解毒敏5毫克/千克体重、阿托品0.2毫克/千克体重、呋塞米5毫克/千克体重，静脉注射10%葡萄糖注射液200毫升、维生素C 0.25克。在输液30分钟后，病犬症状未得到缓解，犬主比较着急，医生在与犬主交谈过程中得知此犬在外出牵遛期间一直戴着嘴罩，根本不可能误食毒物，且在牵遛期间犬主骑自行车带犬跑了30分钟左右。由于发病当时正值酷暑，中午时分气温高达32℃左右，根据主人叙述情况和病犬的临床症状医生觉得此犬更像中暑。于是改变治疗方案,按中暑治疗。用冷凉水浇泼头部,同时用凉生理盐水灌肠、吸氧,在未注射完的10%葡萄糖注射液和维生素C中加入复方氯化钠注射液100毫升,继续静脉注射。为防止发生肺水肿和脑水肿,同时建立第二条静脉通路,给予20%甘露醇注射液40毫升。为缓解痉挛和降低体温,皮下注射氯丙嗪2毫克/千克体重。在用药30分钟后,病犬四肢痉挛症状有所缓解,体温降至40.2℃。继续用冷水浇泼头部,并用冰块涂擦全身,1小时后病犬症状逐渐得到缓解,头部能抬起来,可视黏膜颜色也基本恢复正常,当全部液体输完时,病犬已能正常站立行走,体温降至39.5℃,留院观察一夜,无任何异常,翌日早晨出院回家。

【诊疗失误病例分析与讨论】 本病例是由于犬主在酷热天气下对犬进行强行训练而造成的。由于当时气温较高,病犬又属长毛犬,热量散发受到限制,从而不能维持机体的正常代谢,导致犬体温急剧升高。在犬发病后犬主慌忙将病犬送到动物医院,值班医生受犬主的误导进行草率检查,未对病犬发病过程进行详细询问就做出诊断,导致误诊和误治。

二、脑震荡误诊为癫痫

脑震荡是由于颅骨受到钝性暴力物作用,致使脑神经受到全面损伤的疾病,临床表现为昏迷、反射功能减退或消失等脑功能障碍。脑震荡只是脑组织受到过度的震动,无肉眼可见病变。

【病例介绍】 吉娃娃犬,3岁,雄性,体重3千克。

主诉:此犬曾在其他动物诊所治疗过2天,3天前发生抽搐,抽搐时角弓反张、牙关禁闭、头歪向左侧、排尿失禁,每次抽搐时间在2~3分钟,不抽搐时头也歪向左侧,食欲减退,近2天来一直未吃多少食物。在初诊医院医生诊断为癫痫,皮下注射用药,具体使用何种药物犬主也不清楚。转诊医院医生对病犬进行检查后发现其口腔附有黏液,体温 39.3℃,血常规检查无异常,呼吸和心率都比正常稍快,右眼眼球突出且眼结膜有淤血,右侧颅骨有凸起的肿块,触摸时病犬痛感明显。问犬主此犬是否受外力撞击头部,犬主回答此犬平时由保姆照看,自己对病犬的状况并不十分了解。后经询问得知,保姆当天在家打扫卫生由于此犬较淘气,保姆用拖布把敲打此犬头部,当时此犬即倒地抽搐,排尿、排粪失禁。最后根据问诊内容以及病犬的临床症状和检查结果,诊断为脑震荡。采取以下治疗方案:尽量使病犬安静,避免应激。将病犬头部抬高,用水袋冷敷头部。为防止出现脑出血,给予 10% 葡萄糖注射液 30 毫升、6-氨基乙酸 15 毫克,静脉注射;为降低颅内压,给予 20% 甘露醇注射液 40 毫升,静脉注射;为促进脑细胞功能恢复,给予细胞色素 C 10 毫克,肌内注射;为控制抽搐次数,达到镇静目的,给予苯巴比妥 10 毫克,口服;为控制发生脑炎或脑水肿,给予磺胺间甲氧嘧啶 50 毫克,皮下注射。

翌日复诊时主诉此病犬在用完药回家后只发生过 1 次抽搐,医生按第一天的处方继续用药治疗,连续用药 5 天后此病犬再未发生过抽搐,且食欲、精神状态等也都恢复正常。

【诊疗失误病例分析与讨论】 脑震荡根据脑挫伤部位和病变不同所表现的临床症状也不同,但均是在受伤后发病,表现为一瞬间倒地昏迷,知觉和反射功能减退或消失,肌肉痉挛,瞳孔放大,呼吸变慢,有时出现哮喘音,脉搏增快,心律失常,有时伴有呕吐,排尿、排粪失禁等,几分钟或数小时后会慢慢醒过来,反射功能也逐渐恢复。

癫痫则是脑部兴奋性过高的某些神经元突然或过度重复放电,所引起的突然性脑功能短暂异常,由于过度放电神经元的部位不同,临床上出现阶段短暂的感觉障碍、肢体抽搐、意识丧失、行为障碍或自主神经功能出现异常,而且表现为反复发作,发作停止后多数病犬可自行站立、自由采食,但虚弱无力、神情淡漠。

导致本病例诊疗失误的主要原因是犬主家的保姆因担心打犬

被犬主得知后受到责罚,故而未把打犬的经过如实告诉犬主和初诊医生,导致初诊动物诊所医生收集资料不足。另外,初诊动物诊所的医生没有对病犬进行仔细的检查,听说病犬反复发生抽搐,就草率地诊断为癫痫,未能看到病犬结膜淤血和右侧颅骨受伤后的血肿凸起而导致误诊和误治。

三、化脓性脑炎误诊为犬瘟热

脑炎是由于感染或中毒性因素的侵害,引起脑膜和脑实质的炎症,分为化脓性脑炎和非化脓性脑炎。化脓性脑炎多数是由于化脓性细菌所致,头部外伤、邻近部位化脓灶、波及全身的脓毒血症经血液转移等也可引起化脓性脑炎。寄生虫的幼虫移行进入脑组织,可引起寄生虫性脑炎。非化脓性脑炎多继发于病毒性传染病,如犬瘟热、狂犬病等。

【病例介绍】 杂种犬,5岁,雄性,体重8.6千克。

王某在某小区花坛内捡到该病犬后送至宠物医院,当时此犬体温39.6℃,全身肌肉震颤,痉挛性抽搐,不能站立,背毛粗乱,形体消瘦,牙关紧闭,流涎,意识不清,眼睑下垂,瞳孔散大,投给食物没有任何反应,食欲已经废绝,呼吸急促。听诊呼吸音粗厉、心律失常、心音杂乱。血常规检查白细胞总数为$3.58×10^9$/升,淋巴细胞总数为$1.2×10^9$/升,单核细胞总数为$0.32×10^9$/升,中性粒细胞总数为$2.06×10^9$/升,红细胞总数为$3.5×10^{12}$/升,血红蛋白70克/升。根据病犬的临床症状和检查结果诊断为犬瘟热神经症状,建议对病犬实施安乐死术。

病犬安乐死后对病犬尸体进行剖检,发现病犬颅骨骨折,皮下淤血化脓,化脓灶感染脑组织,脑组织有灰黄色的小化脓灶,其周围有一薄层囊壁,内为脓液。肺脏和肠道无明显病变。剖检人员根据剖检结果,觉得不应该是犬瘟热感染,因犬瘟热感染引起的应该是非化脓性脑炎,且该犬颅骨有外伤化脓感染,采集血液和呼吸道分泌物进行犬瘟热胶体金抗原检测,检测结果为阴性,排除犬瘟热感染,最后诊断为化脓性脑炎。

【诊疗失误病例分析与讨论】 犬瘟热的神经症状多出现在呼吸道症状或消化道症状之后,病犬咬肌痉挛、四肢抽搐、共济失调、转圈等。幼犬感染犬瘟热病毒常表现为胸腺萎缩与胶样浸润。若继发细菌性感染,病犬多表现为结膜炎、化脓性鼻炎、支气管肺炎、化脓性肺炎、肺组织出血以及消化道出现卡他性、出血性胃肠炎。有的病犬脾脏和膀胱黏膜出血,脑膜充血、出血,脑室扩张,并因脑水肿导致脑脊液增加。病理组织学检查可见淋巴系统发生退行性变化、弥漫性间质性肺炎、泌尿生殖道的变移上皮肿胀。眼睛睫状体细胞浸润,色素上皮细胞增生。死于神经症状的病犬呈现非化脓性脑炎及脑白质中有空泡形成,神经细胞和胶质细胞变性或有早期脱髓鞘现象。在黏膜上皮细胞、网状细胞、白细胞、神经细胞、胶质细胞和神经元等的胞质内发现嗜酸性包涵体,犬瘟热酶联免疫吸附试验试剂盒是检测犬瘟热病毒最快速、简便的方法,目前已广泛应用于动物门诊。

化脓性脑炎一般是由头部创伤、邻近部位化脓灶波及、败血症和脓毒血症经血行性转移所致,化脓性脑炎伴有高热或微热,依炎症部位和程度以及犬的神经类型而异,主要表现为不定型的神经症状,病理学检查可见脑脊髓液沉淀物中除嗜中性粒细胞外还可见病原微生物,根据临床症状和病情发展过程,结合临床病理学检查结果可建立诊断。

四、晕车误诊为胃肠炎

晕车是晕动病的一种,晕动病的发生常与动物自主神经系统受到异常刺激有关。临床上以恶心、流涎和呕吐等为特征,尤其是犬、猫在运输时更容易发病,表现为精神沉郁、哀鸣、恐惧,严重时可见腹泻。

【病例介绍】 杜宾犬,3月龄,雄性,体重3.5千克。

犬主龙某在外市某宠物交易市场购得该犬后,将犬放置于轿车后备箱中经100多千米行程运至本市,在到达自家小区楼下后打开后备箱,看到有大量犬的呕吐物和腹泻的粪便,便直接开车将犬带至动物诊所。值班医生对病犬进行检查后发现此犬流涎、腹泻、肠蠕动增强呈雷鸣音、心率达150次/分、心音亢进、可视黏膜潮红、体温39.7℃。犬瘟热病毒抗原检测阴性、犬细小病毒抗原检测阴性、犬冠状病毒抗原检测阴性、粪便虫卵检测阴性,故排除传染病和寄生虫感染。血常规检查白细胞总数、白细胞分类计数、红细胞总数等各项指标均正常。值班医生根据病犬的临床症状诊断为胃肠炎。给予甲氧普胺2毫克,皮下注射;氨苄西林钠150毫克、654-2 3毫克、地塞米松1毫克,皮下注射;阿米卡星50毫克,皮下注射。第二天复诊时主诉此犬回家后状态好转,并且能够主动进食,早起排便基本正常,但在复诊的路上又在车上发生呕吐,医生对病犬检查后感觉病犬较初次就诊时状态好,且未发生腹泻,故按前一天的处方继续用药。第三天来复诊时主诉回家后状态无异常,食欲、排便均正常,但在来诊时又在车上呕吐1次。医生通过判断病犬的状态和发生呕吐都在乘车时,用药后回家状态无异常,最后诊断为晕车。给予甲氧氯普胺2毫克,皮下注射,30分钟后让犬主带犬乘车离开诊所,并告知犬主此犬以后尽量避免乘车船,或乘坐前使用苯海拉明等药物,以降低应激反应。事后电话回访,犬主告知此犬恢复良好,状态正常。

【诊疗失误病例分析与讨论】 晕车是由于受到持续颠簸震动,前庭器官功能发生变化而引起,病犬高度紧张或恐惧时则更易发生晕车症。主要表现流涎、呕吐,严重的发生腹泻,也有的不停地打哈欠。遇到犬、猫晕车时应将其带下车,在安静环境下休息后,症状即可减退。也可肌内注射氯丙嗪1毫克/千克体重或甲氧氯普胺0.3~0.5毫克/千克体重。为防止晕车可提前口服苯巴比妥片剂1~2毫克/千克体重。对于有晕车史的犬、猫,可在乘车前

12小时和前1小时按上述剂量口服苯巴比妥或在乘车前1小时肌内注射盐酸乙酰丙嗪0.2毫克/千克体重。

导致本病例误诊的主要原因如下：一是此犬是在幼龄时被犬主从宠物交易市场购入，由于宠物市场犬只较多，当犬发生呕吐、腹泻时，值班医生只注重传染病和寄生虫病的检查。二是犬晕车在大多数情况下多表现呕吐、流涎，很少发生腹泻。三是由于当时此犬的交易价格较高，值班医生怕承担责任不敢对病犬所表现的症状多加观察，怕延误病情，就先用药对症治疗。对症治疗后症状虽有所缓解，但当病犬连续2次在车上发生呕吐时，医生还是没有意识到晕车，对病犬继续用药治疗，造成犬主金钱上的浪费，且对病犬进行注射用药，增加了犬只的痛苦。

五、精神性多尿病误诊为膀胱炎

精神性多尿病是由于某些精神因素所致的强烈口渴、大量饮水而引起的多尿，多见于神经质类型的犬。

【病例介绍】 灵程犬，9月龄，雄性，体重19.5千克。

主诉：此犬发病2天，食饮略有减退，排便正常。经检查此犬体温38.4℃，精神状态、呼吸、心率基本正常，触摸腹部、压迫膀胱无明显痛感，触摸肾脏也无明显异常。X线检查肾脏、输尿管、膀胱、尿道无结石显影，肾脏形态、轮廓、密度清晰可见，无异常。血常规检查白细胞总数$17.9×10^9$/升，淋巴细胞总数$3.2×10^9$/升，单核细胞总数$0.7×10^9$/升，粒细胞总数$14×10^9$/升，红细胞总数$6.23×10^{12}$/升，血红蛋白165克/升。血清生化检查血清总蛋白56克/升，白蛋白28克/升，肌酐47微摩/升，尿素氮6.8毫摩/升，血磷1.72毫摩/升，血钙2.37毫摩/升。根据检查结果排除肾炎和尿路结石。根据白细胞、粒细胞升高和尿频症状诊断为膀胱炎。给予阿莫西林克拉维酸钾片剂200毫克，口服，每日2次；恩诺沙星片剂200毫克，口服，每日2次。连续用药3天，复诊时主诉此犬病情没有丝毫改变,尿频且尿量增加,饮水增多,1升的自动饮水器每天要加水2~3次,也就是说每天的饮水量在2~3升,在听到鞭炮声的惊吓后尿频表现尤为明显。医生又对病犬采集血液,做检测,检测后发现血糖值正常,血浆胶体渗透压偏低。又对病犬进行导尿,做尿常规检测,发现病犬的尿比重降低,尿糖为阴性,尿液中无红细胞、白细胞、细菌、脓细胞等,排除膀胱炎的可能。根据检查结果和病犬的症状,最后确诊为精神性多尿病。

由于此犬发病时正值春节,鞭炮声较多,因此让犬主将病犬尽量安置于安静的饲养环境,避免噪声和惊吓,同时控制饮水,在食物中添加多维片以减少应激反应。给予利眠宁0.8毫克/千克体重,口服,每日2次,连续用药5天。5天后复诊时病犬多尿、尿频症状已得到缓解。

【诊疗失误病例分析与讨论】 精神性多尿病多由特定的刺激或环境因素变化所导致。临床上主要表现为饮水量突然增加,饮水量在70毫升/千克体重以上甚至超过100毫升/千克体重。随后尿量增加、尿比重降低、血浆胶体渗透压降低。在诊断上可根据发病诱因的环境因素和临床变化做出诊断。类症鉴别方面,可根据夜间尿量减少、禁水试验结果、尿量减少且尿比重增大等症状,与尿崩症、肾功能障碍、糖尿病等相鉴别(表1)。

表1 几种伴有多尿症状的疾病与精神性多尿病的鉴别

病 名	饮 欲	尿量(毫升/千克·天)	尿比重	尿 糖	血浆胶体渗透压
尿崩症	++	150~200	1.001~1.005	—	升 高
肾障碍	+	40~60以下	1.010左右	—	降 低
糖尿病	+++	100以下	上 升	+++	升 高
精神性多尿病	+++	100以上	降 低	—	降 低

精神性多尿病在治疗上主要是改善饲养环境,尽量使犬保持

安静,避免惊吓和刺激,限制饮水的同时给予利眠宁 0.8 毫克/千克体重,口服,每日 2 次。

膀胱炎是指膀胱黏膜和黏膜下层的炎症,多由病原微生物感染所致,临床上表现尿频或频做排尿姿势,排尿时表现疼痛不安,每次排出的尿量减少或呈滴状流出,尿液浑浊,有氨臭味并混有多量黏液、血液或血凝块,触诊膀胱疼痛,尿液在光镜下检查时可查到白细胞、红细胞、脓细胞、细菌或真菌等。

膀胱炎在治疗上主要以改善饲养管理、抗菌消炎和对症治疗为原则。

第七章　内分泌系统疾病
诊疗失误病例分析

一、肾上腺皮质功能亢进症误诊为疥螨病

肾上腺皮质功能亢进症又叫库兴氏综合征,是由于肾上腺皮质激素分泌过量所导致,一般是指糖皮质激素皮质醇增多症。

【病例介绍】　土种犬,13 岁,雌性,体重 7.5 千克。

主诉:此犬背部脱毛已长达 6 个月之久,有时表现瘙痒,啃咬患处皮肤,食欲、排便等均表现正常。值班医生对病犬检查后发现此犬背部呈均匀的分散脱毛,诊断为疥螨病。皮下注射伊维菌素 1.5 毫克,每 7 天注射 1 次;塞拉菌素透皮滴剂 45 毫克,分 5 点滴于背部皮肤,掉毛处涂抹消炎杀螨膏,每日 2 次。

连续用药 5 周后病犬病情不仅未得到好转,而且背部脱毛严重,犬主将病犬带至某农业大学动物医院就诊,转诊医生通过询问得知,此病犬背部脱毛达半年之久,初期呈分散状脱毛,病犬食欲等未受影响,到家附近的动物医院检查后,按疥螨病治疗,治疗后病情非但未得到控制,且脱毛加重。医生对该病犬检查后发现其腹部膨隆呈桶状,腹部两侧呈对称性脱毛,脱毛处皮肤非常薄,皮肤呈纤细的砂纸样,且脱毛处皮肤有少量点状或斑块状出血。刮取脱毛处皮屑送化验室检查未发现螨虫;血常规检查白细胞总数升高至 17.5×10^9/升,淋巴细胞总数降低至 0.9×10^9/升(不到白细胞总数的 6%),粒细胞总数升高至 15.8×10^9/升,红细胞总数和其他项目正常;血液生化检查发现血糖升高至 14.6 毫摩/升,血液胆固醇升高至 11.2 毫摩/升,碱性磷酸酶升高至 316 单位/升,丙氨酸氨基转移酶升高至 175 单位/升。根据检测结果初步诊断

为肾上腺皮质功能亢进症。为进一步确诊疾病，又进行促肾上腺皮质激素刺激试验，检测后发现病犬血浆的 17-羟皮质类固醇升高至 57 微克/升。最后根据病犬临床症状和各项检测结果综合分析，诊断为肾上腺皮质功能亢进症。

【诊疗失误病例分析与讨论】 肾上腺皮质功能亢进可引起血液中淋巴细胞减少（为循环血液中白细胞的 6%），嗜酸性粒细胞减少，伴有中性粒细胞增加的白细胞升高。血清生化检测可发现血糖增加，血清胆固醇升高，碱性磷酸酶和丙氨酸氨基转移酶活性升高，血浆皮质醇增加。尿比重降低至 1.015 以下，促肾上腺皮质激素试验可见血浆中 17-羟皮质类固醇显著升高。

肾上腺皮质功能亢进症表现多尿，继发性多饮，约 8% 的病犬食欲增加，肝脏肿大，腹肌无力，腹部膨隆呈桶状。病犬表皮和真皮萎缩，皮肤菲薄，形成皱襞，血管显露，腹部可见很多粉刺，鳞屑增加，皮肤呈纤细的砂纸样。70% 的病犬出现无瘙痒的两侧对称性脱毛。由于钙盐沉积于脊柱部，腹部或腹股沟部形成皮肤结石，伴有皮肤内斑点或出血的表层溃疡，真皮、表皮或角质层大量沉积黑色素。有的病例可出现逆行性压迫大脑或脑干部而引起视力丧失、盲目运动。96% 的病犬肺脏沉积无机物，也有沉积于骨骼肌和胃壁上的。偶见骨质疏松症和骨折，X 线检查较明显。雌性犬发情周期停止，雄性犬性欲减退。

本病例是由于误诊而造成误治，其原因是初诊医生看到病犬脱毛，就认为是疥螨病，而未将病犬腹部膨隆呈桶状、腹部两侧呈对称性脱毛、病犬食欲和饮欲增强等考虑到诊断中，未深入考虑引起病犬脱毛的原因，认为脱毛就是由疥螨病引起，与其他疾病无关，不去仔细检查脱毛的性质和状态。

二、猫种马尾病误诊为疥螨病

猫种马尾病是繁殖期公猫由于雄性激素分泌过盛，使尾部出现痤疮,并且可能继发细菌感染的一种内分泌系统疾病。

【病例介绍】 狸猫,3 岁,雄性,体重 3.6 千克。

主诉:此猫尾部和背部出现粉刺和脱毛,值班医生检查后发现此猫背部、尾部被毛脱落疏松,根据症状诊断为疥螨病。给予伊维菌素 0.7 毫克,皮下注射,每 7 天使用 1 次;患处涂布消炎杀螨膏,每日 2 次。经过一段时间治疗后病猫症状不仅未好转,且尾部皮肤出现溃烂。猫主带猫转院就诊,将病猫的病情向转诊医生叙述后,转诊医生对病猫进行检查,发现病猫背部皮肤皮脂腺分泌大量油脂,且尾背部出现皮下蜂窝织炎,未感染处尾背部皮肤出现大量黑头粉刺,最后医生根据病猫症状诊断为猫种马尾病,并采取如下治疗措施:为彻底治疗本病,防止复发,对病猫施行去势手术,摘除睾丸。尾部剪毛,用 70%酒精涂擦患处,将黑头粉刺挤出,用 3%过氧化氢溶液清洗蜂窝织炎患处,再用生理盐水冲洗干净,然后涂布红霉素软膏;为防止感染进一步扩散,同时给予生理盐水 80 毫升、头孢曲松钠 150 毫克,静脉注射,每日 1 次。经过 1 周治疗,病猫康复。

【诊疗失误病例分析与讨论】 猫种马尾病是由于繁殖期公猫雄性激素分泌旺盛而导致尾部出现痤疮和继发细菌感染,诊断要点为繁殖期公猫的整个尾背部皮脂腺和顶浆腺分泌旺盛,在尾背部出现黑头粉刺,可能发展成为毛囊炎、疖、痈,甚至蜂窝织炎,皮肤溃烂并且向周围健康组织扩散。

疥螨病是较严重的瘙痒性皮肤病,一般症状为掉毛,皮肤变厚,出现红斑、小块痂皮和鳞屑,以及剧痒引起动物自行抓伤,继发细菌感染。疥螨常寄生于外耳,严重时波及肘关节和跗关节。在临床上,要注意耳尖和肘部同时脱毛和形成皮疹的病例。诊断疥螨病主要根据临床症状和皮肤刮取物检查结果,耳部皮肤刮取物检出率较高。

三、尿崩症误诊为寄生虫病或糖尿病

尿崩症是作用于肾远曲小管和集合管的加压素(抗利尿素)分泌和释放减少,或肾小管对抗利尿激素的反应性降低,使尿液在肾小管中不能被浓缩,故临床特点是突出的多饮、多尿和尿比重降低,多见于老年犬、猫,与品种、性别无关。

【病例介绍】 边境牧羊犬,6 岁,雄性,体重 13 千克。

病犬消瘦,背毛粗乱无光泽,多饮、多尿,犬主将病犬带至动物医院就诊,医生检查后诊断为寄生虫感染,服驱虫药后也未见好转。犬主又将病犬带至动物医院就诊,医生根据主诉内容诊断为糖尿病,在采血进行血糖检测时发现病犬血糖正常,收集尿液检测后发现尿糖为阴性,尿比重降低至 1.006,医生判断不出病犬所患何种疾病,故请求专家会诊。

专家到达动物医院后对病犬检查后发现病犬背毛粗乱,形体消瘦,体温、心率正常。与犬主沟通得知此病犬平常饮食正常,近 1 周左右突然多饮、多尿,症状特别明显,每天能喝 3～4 盆水,尿频症状特别严重,每天排尿次数多达十几至二十几次,甚至出现夜间排尿。又重新采集血液,用不同的血糖仪进行检测,血糖值均在正常范围内,又收集尿液进行尿糖检测,尿糖为阴性,尿比重降低至 1.006,血清生化检测肝功能指标和肾功能指标全部正常,B 超检查肝脏、肾脏、脾脏、胰脏均无异常,血常规检查各项指标均正常。最后根据病犬的临床症状和检查结果怀疑为尿崩症。于是采取如下治疗措施:给予单宁酸后叶加压素,肌内注射,每隔 2 天用药 1 次,用药后病犬多饮多尿症状明显缓解,饮水量明显减少,排尿次数减少,尿量也有所减少,继续用药 2 次后,病犬的饮水量和尿量基本恢复至正常。最后根据病犬的症状、检查结果和治疗结果综合分析,诊断为丘脑-垂体性尿崩症。

【诊疗失误病例分析与讨论】 尿崩症可分为丘脑-垂体性尿

崩症、肾性尿崩症和致渴尿崩症,主要表现为大量饮水,多尿。由肿瘤引起的呈渐进性,由外伤或髓膜炎引起的为突发性。患病动物频尿和夜间排尿,与其他病相比,尿崩症的多饮、多尿非常明显,排尿量可达 30~80 毫升/千克体重,尿比重明显降低,多为 1.010 以下。

尿崩症根据慢性多尿、多饮,持续低比重尿可以做出诊断,鉴别诊断上要与肾上腺皮质功能亢进症和肝功能障碍的精神性多尿症相鉴别,鉴别方法有禁水试验和抗利尿素试验两种。

导致本病例误诊的原因是病犬初次就诊时医生只考虑病犬背毛粗乱,形体消瘦,在未进行寄生虫检查的情况下诊断为寄生虫感染,给病犬口服驱虫药,由误诊导致误治。在第二次就诊时,在未进行血糖和尿糖检查的前提下先诊断为糖尿病,后进行血糖和尿糖检查,检测后发现血糖、尿糖均正常后,对病犬的病情表现束手无策。在临床上,应根据检查结果来排除和证明疾病,在考虑问题时不能只考虑表面症状,应尽可能的收集资料,再对收集的资料进行细致综合地分析,以避免造成误诊、误治。

四、甲状腺功能减退误诊为脓皮症

甲状腺功能减退是由于甲状腺素和三碘甲腺原氨酸缺乏所致,临床上以代谢率下降、黏液性水肿、嗜睡畏寒、性欲减退、皮肤被毛异常为特征。

【病例介绍】 吉娃娃犬,4 岁,雌性,体重 2.6 千克。

病犬由于脱毛和瘙痒,被犬主带至动物医院就诊,医生检查后发现病犬躯干两侧和胸、腹两侧脱毛,局部患处出现感染和斑块状化脓灶,采集毛发和皮屑送化验室检测,未发现螨虫和真菌,只发现脓细胞、白细胞、红细胞和葡萄球菌,医生根据病犬的症状和检查结果诊断为脓皮症。给予阿莫西林克拉维酸钾 50 毫克,口服,每日 2 次;患处涂布红霉素软膏,每日 2 次;口服复合 B 族维生素粉,每日 2 次。经 1 周治疗,化脓处皮肤逐渐愈合,医生告知犬主回家继续给犬口服 B 族维生素粉。1 个月后复诊时病犬患处脱毛范围有所扩大，皮肤呈两侧对称性无瘙痒的脱毛，逐渐扩散至全身，皮肤光滑干燥，触摸有冷感，病犬表现精神沉郁，主诉运动后易疲劳，听诊心率缓慢，体温降低至 37.9℃。血常规检查白细胞、红细胞检测值均在正常参考值范围内，无异常变化。血清生化检查未发现异常，血清内分泌检查发现甲状腺素和三碘甲腺原氨酸同时降低，最后根据病犬的临床症状和检查结果诊断为甲状腺功能减退。给予左旋甲状腺素钠 60 毫克，口服，每日 2 次，同时补充硫酸亚铁、B 族维生素粉和海藻粉。连续用药 2 周后，病犬脱毛症状得到缓解，复查时甲状腺素和三碘甲腺原氨酸已恢复至正常水平，将左旋甲状腺素钠改为每日口服 1 次，继续在食物中添加海藻粉，连续用药 1 个月后，病犬的脱毛症状已完全停止，且脱毛处已生长出新的被毛，最后经治疗病犬基本恢复正常。

【诊疗失误病例分析与讨论】 甲状腺功能减退是常见的内分泌疾病，由于临床症状的多样性和缺乏科学的诊断试验，也是最容易被误诊的内分泌疾病。甲状腺素影响许多器官的功能，使甲状腺功能减退引发的问题非常多样，容易与其他疾病相混淆。甲状腺功能减退的许多症状是非特异性的，而且早期没有症状，需要鉴别诊断。最常见的甲状腺功能减退症状是代谢率降低和皮肤问题，较少发生但被较多报道的症状包括神经异常、对心血管系统和母犬生殖系统的影响以及先天性甲状腺功能减退的症候群。病犬行为改变、公犬不育、眼部发病、凝血异常和胃肠障碍等一类症状在甲状腺功能减退时可能发生，但与甲状腺功能减退没有必然的因果关系。

导致本病例误诊的原因，一是医生对甲状腺功能减退症了解甚少，认为皮肤病无非就是疥螨病、真菌性和细菌性皮肤病。二是缺乏系统的检查，未进行一些必要的实验室诊断。

第八章　运动系统疾病诊疗失误病例分析

一、犬无菌性股骨头坏死误诊为关节挫伤

犬无菌性股骨头坏死是股骨头和股骨颈自发性的退变，多由关节和骨关节炎引起，多发于微型和小型品种犬的生长末期。主要表现部分股骨头骨骺失去血液供应，受侵袭区坏死，但关节软骨未受影响。

【病例介绍】　迷你贵妇犬，6月龄，雄性，体重3千克。

主诉：该犬近一段时间出现左后肢跛行，不敢负重，在奔跑时患肢提举，医生通过病犬临床症状和主诉内容判断为关节挫伤，建议主人给予局部按摩和热敷，可以局部涂抹消炎性药物，适当口服活血化淤和止痛药物。1周后犬主觉得病犬症状没有减轻，反而严重，医生触诊患肢股部发现肌肉萎缩，症状逐渐严重，髋关节活动时病犬表现疼痛，发出叫声，甚至反抗咬人。X线检查股骨头边缘不光滑，股骨颈变粗，关节腔增宽，同时伴有继发性变性关节炎，诊断为无菌性股骨头坏死。经与犬主沟通后对病犬进行手术治疗，切除股骨头和股骨颈并做术后消炎，给予甲硝唑10毫克/千克体重，静脉注射，每日1次；生理盐水80毫升、氨苄青霉素35毫克/千克体重，静脉注射，每日1次，连用3天。术后7天复查时，伤口恢复良好，术后9天复查时伤口完全恢复，拆除缝合线。

【诊疗失误病例分析与讨论】　犬股骨头无菌性坏死是犬的部分股骨头骨骺失去血液供应，受侵袭区坏死，股骨头塌陷，造成不同程度的畸形和变性性关节疾病。本病的诊断比较容易，主要有下列几种方法：根据品种、年龄、症状来诊断，本病最常见于小型未成熟的犬，如贵妇犬、约克夏、吉娃娃、西高地、凯恩等，3～13月龄

发病，6～7月龄高发。触摸患肢肌肉萎缩，后展髋关节或是外展髋关节时，疼痛加剧，发出叫声，甚至反抗咬人。观察行走姿势，多数病犬表现的症状是患侧跛行，不敢负重，在奔跑时，患肢提举，患肢股部肌肉萎缩，症状逐渐加重，活动髋关节时出现疼痛，活动范围减小。X线检查最准确，根据X线摄片可以确诊。值得一提的是，动物服从性差，要照出高质量的X线摄片，必须有高质量的X线机。另外，病犬关节疼痛，摆位较困难，最好使用镇静剂在病犬镇静的情况下摄片，才能得到标准的、高质量的X线摄片。

而关节挫伤主要是由钝性物体的冲撞、打击以及跌倒、重物压轧等原因造成的，不仅使关节受伤，也使关节周围的组织损伤，如皮肤擦伤、皮下组织挫灭和溢血等，局部肿胀、跛行更加剧烈。

二、髋关节脱位误诊为关节扭伤

髋关节脱位是指股骨头与髋关节窝脱离。股骨头与关节窝脱出落于别处，称为全脱位；股骨头与髋关节仍保有一部分接触的叫不全脱位。全脱位时，股骨头向前方脱出叫前方脱位，股骨头向前上方脱出叫上方脱位，向内方脱出叫内方脱位，向后方脱出叫后方脱位。临床上以髋关节上方脱位较多见。

【病例介绍】 京巴犬，3岁，雄性，体重7.6千克。

主诉：此犬5天前从沙发上跳下，当时听到嚎叫一声，此后犬的左后肢不敢着地，一直三条腿蹦着走路。犬主将犬带至附近的一家动物医院就诊，初诊动物医院值班医生检查后诊断为髋关节扭伤，告诉犬主带犬回家静养一段时间，限制病犬活动，同时口服替泊沙林。犬主回家按初诊医生的说法，每天限制运动，按时喂药，经3天治疗后病犬症状没有丝毫好转，进而带犬转院就诊。

值班医生对病犬检查后发现，病犬左后肢悬跛，不敢着地，患肢明显缩短，呈内收姿势，活动时患肢外展受限制，内收较容易，走路时呈三脚跳，并向外划弧形，触摸髋关节时痛感明显。X线检查股骨头脱出于髋关节窝,位于髋关节前上方,最后诊断为髋关节脱位,选择手术治疗。病犬全身麻醉,术部剃毛消毒,用创巾隔离,选择在髋关节背侧入路,以髋关节前侧髂骨向大转子,再转向股骨中央做弧形皮肤切开,清理皮下组织,分离显露股阔筋膜张肌、臀中肌和股二头肌。识别臀浅肌,在该肌抵止点前将肌腱切断,把臀浅肌翻向背侧,暴露出臀中肌。然后切断臀中肌、臀深肌,暴露髋关节囊,将关节囊切开向两侧延伸,显露关节腔,实行人造圆韧带植入术后,将关节囊缝合,缝合肌肉、皮肤。术后给予抗炎药,术后7天拆线时,病犬已能正常行走。

【诊疗失误病例分析与讨论】 髋关节脱位根据发病动物的临床症状不难做出诊断,X线检查可以帮助确诊,不仅可查明股骨头脱位的方向,还可区别髋关节发育异常和无菌性肌骨头坏死。

髋关节脱位是小动物临床常见的关节疾病,多因骨盆部受到间接暴力所致,也常继发于髋关节发育不良。髋关节脱位后依股骨头移位方向不明,患肢缩短或变长,并呈内收、外展或外旋,站立时患肢悬提或趾尖着地,行走多呈混合跛行。

导致本病例误诊的主要原因:一是由于初诊医生麻痹大意,对病犬检查不详细、不系统;二是病犬肥胖,髋关节处肌肉丰满,不易触摸清楚,病初所表现的症状与关节扭伤的症状较相似。但若对病犬进行X线检查,就可观察到病犬髋关节骨骼的位置和形态是否异常,从而避免误诊。

三、由于手术失误造成股骨骨髓炎

骨髓炎是骨组织(包括骨髓、骨、骨膜)炎症的总称。临床上可分为细菌性骨髓炎、真菌性骨髓炎和非感染性骨髓炎,其中以细菌性骨髓炎较为多见。

【病例介绍】 松狮犬,6月龄,雄性,体重25千克。

该犬因为左股骨封闭性粉碎性骨折手术治疗后发生并发症而

转院治疗,骨折是在 3 周前从高处坠下后发生的,当时采用 1 支直径 1/4 英寸的部分螺纹骨钉和 3 个全环钢丝固定。入院时该犬左后肢不能负重,患肢可见肌肉萎缩,近端的骨髓钉从左股部的皮肤突出,从股钉孔腔渗出浆液性和出血性渗出液,触摸患肢表现疼痛。X 线检查见主要的骨折断片已经塌陷,一些小碎片发生移位,诊断为骨髓炎。

经与犬主沟通对病犬实施第二次手术,在病犬患肢股骨近端的外侧面切开,髓内钉已松动,骨折处呈不稳定状态,仅靠其周围软组织维持适当状态。将原髓内钉进行置换后重新对骨折断端进行固定,关闭手术切口。术后给予甲硝唑 10 毫克/千克体重,静脉注射,每日 2 次;生理盐水 80 毫升、氨苄青霉素 45 毫克/千克体重,每日 2 次。连续用药 7 天。术后 45 天 X 线检查骨断端愈合,骨膜上的骨痂平滑,再没有出现骨髓炎的迹象。

【诊疗失误病例分析与讨论】 股骨骨干骨折通常是外力创伤的结果,多为粉碎性骨折,这类骨折的固定方法应阻抗所有作用在骨折部位的外力作用。髓内钉和全环钢丝混合固定能阻抗直接压迫力,但阻抗扭转力效果不是很好,这种骨折固定方法常常发生的并发症就是骨折处塌陷引起骨髓炎,在犬而言是发生骨折后引起推迟愈合或不愈合的主要原因之一。

四、髌骨脱位误诊为风湿病

髌骨正常时跟随膝关节屈伸而在股骨滑车上下滑动。一旦髌骨滑入滑车内侧,卡在滑车内侧嵴上,使膝盖骨不能随膝关节屈伸而上下滑动,则使膝关节不能屈曲。膝关节滑入外侧嵴时,同样不能上下滑动而使膝关节不能屈曲。

【病例介绍】 迷你贵妇犬,雌性,体重 3 千克。

该犬右后肢最近在走路时,时而敢着地时而不敢着地,食欲、排便、精神状态等均无异常,犬主周某带犬至附近的一家动物医院就诊,医生在对病犬的发病情况进行询问后,对病犬进行检查,发现病犬走路时右后肢悬跛,经询问得知犬主平时将病犬饲养于平台,发病时又是冬季,经分析后诊断为风湿病。告知犬主将病犬移至温暖的环境中饲养,避免寒冷侵袭。给予替泊沙林口服,首次60 毫克,以后每次 30 毫克,每日 2 次;醋酸泼尼松 0.05 克,皮下注射,每日 2 次;氨苄西林钠 150 毫克、注射用水 1 毫升,皮下注射,每日 2 次。连续用药治疗 5 天后病犬症状未得到丝毫缓解,走路时还是时而正常,时而悬跛,触摸病犬患肢没有明显痛感。犬主带犬转院治疗,转诊医院值班医生询问病犬病情后对病犬进行检查,见病犬精神状态并无异常,体温、呼吸、心率均正常,触摸患肢无热痛,血常规检查各项检测指标均在正常范围内。触摸患肢稍微用力即可将髌骨推向内侧,病犬患肢表现悬跛,患肢不能着地,当髌骨回到正常位置时,病犬患肢又能着地,行走自如。X 线检查可见病犬患肢髌骨移向滑车内侧,最后经综合分析诊断为髌骨脱位。

【诊疗失误病例分析与讨论】 风湿病是常反复发作的急性或慢性非化脓性炎症,其特征是胶原结缔组织发生纤维蛋白变性以及骨骼肌、心肌和关节囊中的结缔组织出现非化脓性局部性炎症。主要发生在活动性较大的肌肉、关节和四肢,特别是背腰肌群、肩臂肌群、臀部肌群、股后肌群等,以突然发生浆液性或纤维素性炎症为特点,由于患病肌肉疼痛,运动不协调,步态强拘不灵活,跛行明显。由于患病肌肉不同,可出现支跛、悬跛或混合跛,跛行随运动量的增加和时间延长可得到缓解。触诊患处肌肉疼痛明显,肌肉紧张,犬主抱犬时犬常发出惊叫声。风湿性肌肉有游走性,时而一个肌群好转,时而另一个肌群又发病。当发生急性风湿性肌肉炎时,出现明显全身症状,如精神沉郁、食欲下降、体温升高、心跳加快、血沉稍快、白细胞数量增高等。急性肌肉风湿病的病程较短,一般经数日或 1～2 周即好转,但易复发。当急性风湿病转变为慢性时,全身症状不明显,病肌弹性降低、僵硬、萎缩,跛行程度虽能减轻,但运步仍出现强拘。病犬容易疲劳,用水杨酸制剂治疗效果较好。

目前,风湿病没有特异性的诊断方法,兽医临床上主要依靠病史调查结合临床症状,如发生肌肉疼痛、运动失调、步态强拘不灵活,随运动量增加症状有所减轻,风湿性肌炎常有游走性和复发性,对水杨酸制剂敏感等特点加以诊断。

肌肉风湿病常与外伤性肌肉炎症、骨骼损伤、脊椎损伤、外周神经麻痹等病的症状相混淆,但从病史、致病原因等可与这些疾病区分开来。

本病例由于病犬症状为右后肢悬跛,且时好时坏,其症状与风湿病症状有相似之处,但也有不同之处,风湿病的患病肌肉疼痛明显,甚至出现体温升高、心率加快等症状,而本病例病犬所表现的症状只是间歇性出现悬跛,患肢不表现疼痛,只要加以分析完全可以区分开来。

第九章　传染病诊疗失误病例分析

一、犬瘟热误诊为胃肠炎

犬瘟热是由犬瘟热病毒引起的感染肉食动物中的犬科尤其是幼犬、鼬科和一部分浣熊科动物的高度接触性致死性传染病。病犬早期表现双相热、急性鼻卡他，随后以支气管炎、卡他性肺炎、胃肠炎和神经症状为特征，少数病例出现鼻部和脚垫的高度角质化。

【病例介绍】　哈士奇犬，雄性，6 月龄，体重 17 千克。

主诉：此犬呕吐、腹泻已有 2 天，就诊时无食欲。经医生检查后此犬体温 38.8℃，肠音高朗，舌苔黄厚，结膜潮红，眼窝深陷，皮肤松弛，表现脱水，心率稍快。血常规检查白细胞总数升高至 $18.6×10^9$/升，粒细胞总数升高至 $15.4×10^9$/升，其他项目正常，表现急性炎症。医生根据检查结果和病犬所表现的临床症状诊断为胃肠炎。治疗给予甲氧氯普胺 10 毫克，皮下注射；乳酸林格氏液 200 毫升、5％葡萄糖注射液 200 毫升，静脉注射；生理盐水 100 毫升、氨苄西林钠 1 克、654-2 5 毫克，静脉注射。输液过程中此犬排尿 2 次，输完液后此犬脱水症状已有所缓解。第二天复诊时此犬精神状态好转，未发生呕吐和腹泻，主人给予少量犬粮，医生按第一天处方继续用药。第三天复诊时此犬体温 39.8℃、结膜潮红、眵多难睁，主诉昨天状态正常，早起时发现其精神沉郁，不爱活动，医生摸脚垫后感觉发硬，遂对病犬进行传染病检测。结果犬瘟热病毒抗原检测呈阳性，犬细小病毒抗原检测呈阴性，最后诊断为犬瘟热病毒感染。此犬后来经过一段时间治疗后，出现神经症状，在医生劝说下，犬主同意对病犬实施安乐死术。

【诊疗失误病例分析与讨论】　感染犬瘟热病毒的病犬是犬瘟

热最重要的传染源,病毒大量存在于病犬的鼻液、唾液中,也见于粪便、泪液、血液、脑脊髓液、淋巴结、肝脏、脾脏、心包液中。犬瘟热的主要传播途径是病犬与健康犬的直接接触,通过空气、飞沫经呼吸道感染,也有报道犬瘟热病毒可通过胎盘垂直传播,造成流产和死胎。犬瘟热的潜伏期为 3～6 天,发病后呈双相热,病初体温升高达 39.5℃～41.5℃,持续 1～2 天,病犬轻微厌食。此时如果病犬机体不能产生抗体,经 2～3 天的无热期后体温再度升高,症状加重,精神沉郁,食欲不振或拒食。多数病犬首先表现为呼吸道感染,鼻镜干燥、流浆液性鼻液,以后逐渐转变为黏液性、脓性鼻液,严重时堵塞鼻孔,并伴有咳嗽、呼吸困难和结膜炎。以消化道症状为主的病犬食欲减退或废绝,呕吐白色黏液或棕色黏液,腹泻、有时粪便带血,呈黏糊状,有恶臭味,病犬迅速脱水、消瘦。病初出现神经症状的病例较少,一般神经症状多出现在呼吸道症状和消化道症状之后,表现咬肌痉挛、四肢抽搐、共济失调等,出现神经症状的病犬多预后不良,以死亡为转归。

犬瘟热病毒感染初期伴有呼吸道症状或消化道症状时,血常规检查多表现白细胞和粒细胞升高,随着病情发展,机体免疫功能下降,白细胞、淋巴细胞、粒细胞降低,有的病例红细胞降低,表现贫血。若病情好转,机体免疫功能恢复,白细胞、淋巴细胞、粒细胞等也逐渐恢复至正常。

现在临床上使用犬瘟热抗原检测试剂盒,可快速、简单、有效地对病犬进行确诊。

导致本病例误诊的原因:一是综合分析不全面,医生对病犬的呕吐、腹泻症状只考虑到胃肠炎,没有对能引起呕吐、腹泻的其他疾病做进一步的思考。二是忽视问诊内容,该病犬虽然接种过疫苗,但事后了解该犬只接种过 1 次疫苗,没有产生坚强的抗体,保护机体不受病毒的侵害。同时,疫苗的保存、运输条件、有效时间以及犬只的个体差异等,都是影响免疫抗体产生的因素。

二、犬瘟热误诊为支气管肺炎

犬瘟热是主要发生于幼犬的高度接触性的传染病,病初表现急性鼻卡他,随后发生支气管炎、胃肠炎,随后出现神经症状,呈双相热。病原是副黏性病毒科、麻疹病毒属的犬瘟热病毒。本病毒常与细菌性疾病并发感染。

【病例介绍】 京巴犬,10岁,雌性,体重6.7千克。

主诉:就诊前2天给此犬洗澡时觉得天气很暖和,就未将犬被毛吹干,就诊前1天早晨开始出现水样鼻液,后来流浆液性鼻液,不爱吃食,精神差。经医生检查后发现此犬精神沉郁,结膜潮红,羞明流泪,鼻流浆液性分泌物,听诊肺部呼吸急促,呼吸音粗厉,呈捻发音,体温39.6℃,医生根据临床症状诊断为支气管肺炎。给予阿米卡星0.15克、地塞米松2毫克,皮下注射,每日2次;头孢曲松钠300毫克,皮下注射,每日1次;安痛定1毫升,皮下注射,每日2次。连续用药治疗2天后,病犬能主动进食,精神状态好转,排便也正常,但鼻孔还流少量浆液性鼻液,呼吸好转,偶尔干咳。医生又继续对病犬用药治疗,当治疗到第四天时病犬突然不食,精神比初次就诊时还差,眼、鼻都流脓性分泌物,呼吸急促,呕吐出白色带有泡沫的液体,排油状黏便且表面有少量血液,脚垫干裂,体温40.5℃,腹下部出现丘疹。血常规检查白细胞降至2.9×10^9/升,犬瘟热病毒抗原检测强阳性。根据病犬的发病症状和检查结果,最终诊断为犬瘟热。给予犬瘟热单克隆抗体5毫升,皮下注射,每日1次;白细胞干扰素10万单位,皮下注射,每日1次;止血敏0.25克,皮下注射,每日2次;阿米卡星0.15毫克,皮下注射,每日2次;5%糖盐水100毫升、头孢噻呋钠50毫克,静脉注射,每日1次。治疗后此犬虽然能吃少量食物,但呼吸感染症状未见减轻,大便仍然黏稠。在确诊犬瘟热感染后的第八天早晨,病犬突然出现神经症状,肌肉痉挛、角弓反张、四肢强直,3分钟左右恢复正常,以后每 3～4 小时发生 1 次,最后犬主同意实施安乐死术。

　　【诊疗失误病例分析与讨论】　导致本病例误诊的主要原因如下:一是肺型犬瘟热的临床症状与支气管肺炎临床症状较相似。二是医生受犬主误导将疾病与此犬发病前洗过澡相联系,怀疑可能是受凉感冒导致支气管肺炎。三是医生综合分析不全面,犬瘟热大多感染幼犬,而此病犬已经 10 岁,感染犬瘟热的概率较小,虽然已出现发热、干咳、流鼻液等症状也未向犬瘟热方面考虑。

三、犬细小病毒感染误诊为胃肠炎

　　犬细小病毒感染是由犬细小病毒引起的犬的一种急性传染病,主要以出血性肠炎、非化脓性心肌炎、白细胞总数下降为主要临床特征。细小病毒具有高度接触传染性,各种年龄、性别、品种的犬都能感染,以断奶后的幼犬最易感染。病犬是主要传染源,病毒随粪便、尿液、呕吐物和唾液排出体外污染食物、饮水及周围环境。康复犬的粪便中可长期带毒,污染环境。细小病毒主要通过直接接触或间接接触经消化道途径感染,本病一年四季均可发生,以冬季和春季多发,对养犬业危害较大。

　　【病例介绍】　某犬场从外地购回 6 条德国牧羊犬,年龄均为 3 月龄,体重均在 7.5 千克左右。据饲养员介绍,这 6 条犬在发病前吃过 2 次发霉的犬粮。

　　具体症状:不食初期呕吐物为白色,后来呕吐出黄色分泌物,腹泻,粪便中混有黏液和血液,后期粪便恶臭,肛门松弛,眼窝深陷,皮肤弹性降低,体温均在 37.8℃～38.3℃,医生诊断为胃肠炎。每只犬分别给予甲氧氯普胺 5 毫升,皮下注射,每日 1 次;乳酸林格氏液 100 毫升、5％葡萄糖注射液 100 毫升,静脉注射,以纠正脱水,每日 1 次;生理盐水 100 毫升、氨苄西林钠 0.5 克,静脉注射,每日 1 次;止血敏 0.25 克,皮下注射,每日 1 次;庆大霉素 3 万单位,皮下注射,每日 1 次。连续用药 2 天后,病情未得到控制,并出现恶化趋势。有 2 只病犬已出现番茄样血便,且便味腥臭,病犬精神委靡,站立不稳,采集粪便进行细小病毒抗原检测,检测结果为阳性。又将粪便送往某高校实验室,经电镜检查发现犬细小病毒,从而确诊该群犬为细小病毒感染。

治疗分别给予每只病犬阿米卡星 0.2 克,皮下注射,每日 2 次;止血敏 0.25 克,皮下注射,每日 2 次;乳酸林格氏液 60 毫升、5%葡萄糖注射液 60 毫升,静脉注射,每日 1 次;18 种氨基酸 50 毫升、5%葡萄糖注射液 50 毫升,静脉注射,每日 1 次;生理盐水 80 毫升、氨苄西林钠 0.5 克,静脉注射,每日 1 次;同时犬场用消毒液每日喷洒消毒 2 次。最后经治疗治愈 4 只犬,死亡 2 只犬。

【诊疗失误病例分析与讨论】 细小病毒病根据流行病学特点(群发、与感染犬有过接触)、临床症状(呕吐、腹泻、番茄样血便、脱水、体重减轻、消瘦)、实验室检测结果(白细胞总数下降、粒细胞总数下降)等可做出初步诊断,通过细小病毒抗原检测试剂盒、采集粪便做电镜检查、聚合酶链式反应技术、犬细小病毒核酸探针技术等可做出确诊。

导致本病例诊疗失误的原因如下:一是医生了解病犬情况不全面,听说发病前饲喂过发霉的犬粮,就诊断为胃肠炎,缺乏科学性。二是未经实验室检查如细小病毒抗原试剂盒检测、血清学检查和更精确的分离病毒电镜观察就轻率做出诊断。三是在确诊细小病毒感染后用药不合理,只给予补液、止血、抗炎药,虽有一定疗效但未给予细小病毒单克隆抗体、血清、干扰素、利巴韦林等中和病毒和抗病毒的药物,未达到应有的治愈率。

四、犬细小病毒与犬冠状病毒混合感染漏诊为单纯细小病毒感染

犬细小病毒和冠状病毒均可引起犬发生严重的肠炎综合征。这两种病毒既可单独使犬发病,又可引起混合感染,若发生混合感

染则会造成治愈率降低、死亡率增加等严重后果。

【病例介绍】 某犬场同一窝3月龄体重在6千克左右的6只犬在3天内先后发病。具体症状为呕吐、腹泻,粪便初期呈灰色或咖啡色,有腥臭味。请动物医院医生到犬场处置。医生到犬场后,对病犬的状态进行检查,发现病犬体温均在 39.6℃~40.2℃,舌苔白厚、牙龈苍白、毛细血管再充盈时间延长。发病犬都表现出不同程度的脱水,粪便混有血液,有的病犬粪便呈胶冻样。采集发病犬粪便进行细小病毒抗原检测,检测结果为强阳性。根据发病犬只的临床症状和粪便检测结果诊断为细小病毒感染。每只病犬分别给予乳酸林格氏液50毫升、5％葡萄糖注射液50毫升,静脉注射,每日1次;生理盐水50毫升、氨苄西林钠200毫克、654-2 2毫克、利巴韦林0.1克,静脉注射,每日1次;止血敏0.1克,皮下注射,每日1次;细小病毒单克隆抗体6毫升,皮下注射,每日1次;白细胞干扰素10万单位,皮下注射,每日1次;庆大霉素2万单位,皮下注射,每日1次。连续用药治疗3天后,有3只病犬先后死亡。医生将剩余病犬带至动物医院做进一步检查,采集粪便,用饱和盐水浮集法进行虫卵检查,检查结果为阴性。血常规检查3只病犬的白细胞总数均降低,且粒细胞总数降低明显,红细胞也出现不同程度的降低。细小病毒抗原检测呈强阳性,犬瘟热病毒抗原检测阴性,犬冠状病毒抗原检测呈强阳性。又将采集的粪便送至某大学的实验室进行检测,在粪便中分离到犬细小病毒和冠状病毒。根据实验室检测结果和病犬的临床症状,最后确诊为犬细小病毒和犬冠状病毒混合感染。对剩余的3只病犬分别给予犬血浆50毫升,静脉注射,每日1次;乳酸林格氏液50毫升、5％葡萄糖注射液50毫升,静脉注射,每日1次;生理盐水50毫升、头孢噻呋钠40毫克、654-2 2毫克、利巴韦林0.1毫克,静脉注射,每日1次;止血敏0.15克,皮下注射,每日1次;阿米卡星0.1克,皮下注射,每日1次;犬细小病毒单克隆抗体6毫升,皮下注射,每日1次;犬冠状病毒抗血清6毫升,皮下注射,每日1次;犬白细胞干扰素 10 万单位,皮下注射,每日 1 次。经用药治疗后,最后治愈 2 只病犬,死亡 1 只病犬。

【诊疗失误病例分析与讨论】 事后经了解,医生在出诊的过程中由于条件限制未能对病犬进行全面的检查,也未采集病犬粪便回医院做进一步化验。只根据病犬呕吐、腹泻、排咖啡色血便等症状,直接诊断为犬细小病毒感染,只简单的对病犬进行了犬细小病毒抗原检测,而未能深入考虑犬细小病毒也可以混合感染其他疾病,如犬瘟热、肠道寄生虫病、冠状病毒病等。临床上若遇到上述情况一定要考虑周全,对病情做综合分析,详细检查后再确诊并用药治疗。

五、猫瘟热误诊为胃肠炎

猫瘟热又称猫泛白细胞减少症,是由猫泛白细胞减少症病毒引起的猫科动物的一种急性高度接触性传染病。临床上病猫以突发高热、呕吐、腹泻、脱水以及循环血液中白细胞减少为特征。

【病例介绍】 狸花猫,5 月龄,雌性,体重 2.3 千克。

主诉:此猫在就诊前一天喂过大量猫罐头,平时主要以猫粮为主食,很少饲喂其他食物,当天晚上此猫即发生呕吐、腹泻。经检查,此猫体温 39.6℃,流涎,精神沉郁,肠音较强,心率快。医生根据病猫的临床症状和发病前喂过大量猫罐头,初步诊断为胃肠炎。给予甲氧氯普胺 1.2 毫克,皮下注射,每日 2 次;5%葡萄糖注射液30 毫升、法莫替丁 1 毫克,静脉注射,每日 2 次;生理盐水 30 毫升、氨苄西林钠 100 毫克、654-2 1 毫克、地塞米松 1 毫克,静脉注射,每日 2 次;恩诺沙星 8 毫克,皮下注射,每日 2 次。连续用药治疗 2 天后,病猫症状不但未得到缓解,而且呕吐加重,并开始呕吐黄色分泌物。腹泻由初诊时的灰黄色稀便转变为暗红色血便,且便味腥臭。医生又进一步采血对病猫进行血常规化验,发现白细胞总数降至 $3.6×10^9$/升,淋巴细胞总数降至 $0.6×10^9$/升,粒细

胞总数降至 $2.7×10^9$/升,红细胞降至 $4.3×10^{12}$/升。根据血常规检查结果,医生意识到有可能是猫瘟感染。又采集病猫粪便进行猫泛白细胞减少症病毒抗原检测,检测结果为强阳性。最后根据病猫所表现的临床症状、血常规检查结果和猫泛白细胞减少症病毒抗原检测强阳性,诊断为猫瘟热。给予甲氧氯普胺 1.2 毫克,皮下注射,每日 2 次;止血敏 0.1 克,皮下注射,每日 2 次;5%葡萄糖注射液 30 毫升、法莫替丁 1 毫克,静脉注射,每日 2 次;生理盐水 30 毫升、氨苄西林钠 100 毫克、654-2 1 毫克,静脉注射,每日 2 次;乳酸林格氏液 20 毫升、5%葡萄糖注射液 20 毫升,静脉注射,每日 2 次;恩诺沙星 8 毫克,皮下注射,每日 2 次;猫瘟单克隆抗体 3 毫升,皮下注射,每日 1 次;猫白细胞干扰素 5 万单位,皮下注射,每日 1 次。连续用药 2 天后,病猫呕吐减轻,用药 3 天后,病猫呕吐、腹泻症状消失,并且有食欲,给予少量流食。停止输液,给予猫瘟单克隆抗体 3 毫升,皮下注射,每日 1 次;猫白细胞干扰素 5 万单位,皮下注射,每日 1 次;恩诺沙星 8 毫克,皮下注射,每日 1 次。又连续用药 2 天后病猫完全康复。

【诊疗失误病例分析与讨论】 猫瘟热的潜伏期为 2~9 天,临床症状表现为高热、精神沉郁、食欲减退或废绝、呕吐、血便、白细胞数量锐减。在感染后 4~6 天白细胞可降至 $0.05~3×10^9$/升,红细胞也会降低。病程超过 5 天且无致命性并发症发生的病例,往往能康复。白细胞降低一般在耐过 24~48 小时后会恢复正常,母猫在妊娠期感染会造成死胎、流产和初生小猫神经症状,幼猫感染后死亡率较高。

猫瘟的治疗原则主要是注射猫瘟单克隆抗体和猫干扰素,非经胃肠道给予输液以补充电解质和营养,并矫正脱水和预防酸中毒,改善呕吐症状。给予广谱抗生素防止二次细菌感染,如发生贫血时,应给予血浆或输血治疗。

事后经了解得知,导致本病例诊疗失误的主要原因如下:一是由于该动物医院平时猫的病例较少,医生对猫病不是特别了解,只对病猫发生呕吐、腹泻的症状做出判断。二是没有对病猫的病情进一步探讨深究，比如寄生虫、肝病、肾病、中毒等也会引起呕吐、腹泻。三是由于条件限制，初次病猫就诊时医院没有猫泛白细胞减少症病毒抗原检测试剂盒，所以也没有对病猫进行进一步检查。四是由于猫的耐受力较强，以往见到的呕吐、腹泻病例医生往往给予止吐药和抗炎药病猫就能康复，故在初次来诊时医生对此病猫病情未给予充分重视。

六、猫传染性鼻气管炎误诊为支气管肺炎

猫传染性鼻气管炎是由猫Ⅰ型疱疹病毒引起猫的一种急性高度接触性上呼吸道传染病，临床上以角膜结膜炎、上呼吸道感染和流产为特征。临床发病率可达 100%，主要侵害仔猫，仔猫死亡率可达 50%，成年猫基本不发生死亡。

【病例介绍】 狸花猫，8 月龄，雄性，体重 3.2 千克。

主诉：此猫发病 2 天，表现咳嗽、流鼻液、食欲有所减退。经检查，此猫体温 39.6℃，流浆液性鼻液，打喷嚏，精神沉郁，眼结膜潮红，食欲废绝，听诊肺部呼吸音粗厉，呈捻发音，心率快，心音亢进；X 线检查肺纹理增强，支气管呈树枝样扩散；血常规检查白细胞总数升高至 $24.6×10^9$/升，淋巴细胞为 $3.5×10^9$/升，单核细胞为 $0.43×10^9$/升，粒细胞总数升高至 $20.67×10^9$/升，红细胞等都正常。根据临床症状和检查结果诊断为支气管肺炎。给予复方磺胺对甲氧嘧啶钠 60 毫克，皮下注射，每日 2 次；生理盐水 50 毫升、地塞米松 1 毫克、头孢曲松钠 120 毫克，静脉注射，每日 1 次；清开灵注射液 2 毫升，皮下注射，每日 2 次。连续用药治疗 3 天后，病猫症状有所缓解，食欲恢复正常，鼻液减少，呼吸基本正常，偶尔咳嗽，医生给病猫开出阿莫西林克拉维酸钾片剂，回家口服，每次 70 毫克，每日 2 次，连用 3 天。

病猫出院 2 天后，主人又带病猫至动物医院。主诉回家后按

时喂药,出院第一天病猫无明显异常,在出院第二天早晨发现病猫又出现呼吸道症状,并出现脓性鼻液和脓性眼分泌物。经检查,病猫体温 39.8℃,鼻孔被脓性鼻液堵塞,张口呼吸,结膜潮红、水肿,流涎,口腔出现溃疡,精神委靡不振,无食欲。根据病猫所表现的症状医生感觉是猫传染性鼻气管炎,后经特异性血清反应和病毒分离确诊为猫传染性鼻气管炎。给予硫酸新霉素滴眼液冲洗眼睛,每日 6~8 次;L-赖氨酸粉,口服,每次 1 勺,每日 2 次;生理盐水 50 毫升、利巴韦林 0.1 克、头孢曲松钠 120 毫克,静脉注射,每日 1 次;阿米卡星 0.1 克皮下注射,每日 2 次;猫白细胞干扰素 10万单位,皮下注射,每日 1 次。连续用药 7 天,此猫病情得到控制,停止输液和皮下注射用药,每天口服 L-赖氨酸和使用硫酸新霉素滴眼液,连续用药 15 天后病猫状态基本恢复正常。

【诊疗失误病例分析与讨论】 猫传染性鼻气管炎与支气管肺炎的症状相似,如咳嗽、流鼻液、高热、呼吸困难等。医生只根据病猫临床症状凭经验做出诊断,未采集病料做血清反应和病毒分离试验,盲目定论缺乏科学依据。

猫传染性鼻气管炎的潜伏期为 2~8 天,幼猫发病率和死亡率较高,病猫和带毒猫是主要传染源,病毒经鼻、眼、咽部分泌物排向外界,常以飞沫形成经呼吸道传播,被污染的相关物品均可成为传播媒介。病猫主要表现高热,精神沉郁,食欲减退,咳嗽,打喷嚏,流泪,眼、鼻分泌物先清后浊,结膜充血、水肿,有脓性眼分泌物。根据临床症状,结合实验室诊断,再进行血清学反应或病毒分离即可做出诊断。

七、犬副流感病毒病误诊为肺炎

犬副流感病毒病是犬主要的呼吸道传染病,临床表现为发热、流鼻液、咳嗽,病理变化以卡他性鼻炎和支气管炎为特征。有报道认为,犬副流感病毒病也可引起急性脑脊髓炎和脑室积水,临床表现后躯麻痹和运动失调等。

【病例介绍】 某犬场饲养40多只犬,有7只同窝仔犬相继发病,场长只带一犬至动物医院就诊。主诉:此犬分别于28日龄和35日龄做过2次驱虫,未做免疫,于前天早晨发病,表现咳嗽、流鼻液、食欲减退、排便正常。经检查体温39.6℃,呼吸急促、呈腹式呼吸,心音亢进、心率快,结膜潮红,肠蠕动音正常,犬瘟热病毒抗原检测为阴性。血常规检查白细胞总数升高至$21.6×10^9$/升,淋巴细胞为$3.6×10^9$/升,单核细胞为$0.76×10^9$/升,粒细胞总数升高至$17.24×10^9$/升,红细胞为$5.6×10^{12}$/升。根据病犬的临床症状和检查结果诊断为肺炎。给予生理盐水80毫升、阿奇霉素80毫克、地塞米松2毫克,静脉注射。在输液过程中医生在与犬场场长的谈话中得知,同窝的其余6只仔犬也都发病,咳嗽、流鼻液,只是来就诊的这只病犬病情较重。得知此情况后,医生又对病犬采集鼻液,进行副流感病毒抗原检测,检测结果为阳性。又让犬场场长将其余病犬也带至动物医院,对病犬进行副流感病毒抗原检测,检测结果均为阳性。最后根据检测结果和病犬的临床症状,确诊为副流感病毒感染。每只病犬分别给予生理盐水80毫升、阿奇霉素80毫克、地塞米松1毫克、利巴韦林0.1克,静脉注射,每日1次;5%葡萄糖注射液50毫升、犬血球蛋白5毫升,静脉注射,每日1次;阿米卡星0.2克,皮下注射,每日1次;犬副流感病毒高免血清2毫升,皮下注射,每日1次。最后7只病犬经过5~7天的治疗后均康复。

【诊疗失误病例分析与讨论】 犬副流感病毒感染后会出现不同频率和程度的咳嗽以及不同程度的食欲减退和发热,随后出现浆液性、黏液性甚至脓性鼻液,单纯的犬副流感病毒感染可在3~7天自然康复,继发感染咳嗽可持续数周,严重的病例甚至可引起死亡。近年来也有报道认为,犬Ⅰ型副流感病毒也可感染脑组织和肠道,引起脑脊髓炎、脑室积水和肠炎,病犬呈现以后肢麻痹为特征的临床症状和肠炎症状。

犬副流感病毒感染的确诊通过病毒分离和鉴定较为可靠,通常在发病早期,采集呼吸道分泌物,以除菌上清液接种犬肾细胞或鸡胚成纤维细胞,若出现多核融合细胞,细胞具有吸附豚鼠红细胞的特征,或培养物可凝集绵羊或人红细胞并可被特异性抗体抑制,即可确诊。也可用荧光标记的特异性抗体与气管、支气管上皮细胞进行反应,如出现特异性荧光细胞,即可确诊。取发病初期和恢复期双份血清,用特异性抗原测定中和抗体或血凝抑制抗体,血清滴度增高2倍以上者,即可判为副流感病毒感染,这一方法可作为回顾性诊断和流行病学调查的一种方法。

导致本病例诊断失误的原因主要是医生对犬主问诊不详,只注重单个病例,不注重群发病例,不知道犬场发病犬的数量,导致收集资料不全面;犬副流感病毒感染的症状与肺炎的临床表现非常相似,不易区别;只注重常见传染病的检查,比如犬瘟热、犬细小病毒,忽视不常见传染病的检查;未对病犬采集病料进行副流感病毒抗原检测,也未进行实验室检查。

八、犬伪狂犬病误诊为犬瘟热

伪狂犬病又称阿氏病,是由伪狂犬病病毒引起的多种动物共患的一种急性传染病。本病的临床特征是发热、奇痒、脑脊髓炎和神经炎。

【病例介绍】 土种犬,8月龄,雌性,体重13.6千克。

某猪场饲养员带一只病犬至动物医院就诊。饲养员说此犬为猪场的一条看护犬,平时饲喂一些残汤剩饭,未做过驱虫和免疫。几天前发病,主要表现不食、摇头晃脑、于就诊当天早晨发生抽搐。值班医生检查后,发现病犬呼吸困难,对刺激反应强烈,头颈部肌肉和口、唇部肌肉痉挛,被毛粗乱,形体消瘦,体温39.7℃。医生根据病犬的症状诊断为犬瘟热神经症状,并劝说猪场饲养员,此病犬病情严重,无太大治疗意义,建议对病犬实施安乐死术。在与饲养员谈话时,动物医院的另一位医生进入诊室看到病犬被毛粗乱,并且不断地啃咬抓挠,皮肤破溃,且破溃的皮肤形成很深的破损,建议初诊医生对病犬进行犬瘟热抗原检测,检测结果为阴性,怀疑是伪狂犬病。由于病情严重,且该犬无经济价值,医生采集病料后对病犬实施安乐死术。将该犬病料送附近的农业大学实验室进行病毒分离鉴定,在电镜下观察到伪狂犬病病毒,最后确诊为伪狂犬病。

【诊疗失误病例分析与讨论】 犬瘟热的神经症状通常在感染后 7～21 天出现,也有一开始发热就出现神经症状的。犬瘟热的神经症状是影响预后和感染恢复的最重要因素。由于犬瘟热病毒侵害中枢神经系统的部位不同,临床症状也有所差异,大脑受损表现癫痫好动、转圈和精神异常;中脑、小脑、前庭和延髓受损表现为步态和站立姿势异常;脊髓受损表现共济失调和反射异常;脑膜受损表现感觉过敏和颈部强直。咀嚼肌群反复出现阵发性抽搐是犬瘟热的常见症状。

伪狂犬病可感染犬、猫、猪、牛等多种动物,潜伏期最短 36 小时,最长 10 天,一般多为 3～6 天。主要通过飞沫、摄食和创伤感染。犬在感染伪狂犬病病毒后,初期表现精神沉郁、凝视、舔舐皮肤某一受伤处,随后局部瘙痒,主要见于肩部、面部、耳部,病犬用爪挠或用嘴咬,产生大块烂斑,周围组织肿胀甚至形成很深的破损,烦躁不安,对外界刺激反应强烈,有攻击性。后期大部分病犬头颈部肌肉和口、唇部肌肉痉挛,呼吸困难,常于 24～36 小时死亡,伪狂犬病的确诊需进行病毒分离和鉴定,血清学检测具有流行病学意义。

导致本病例失误的原因主要是值班医生看到病犬被毛粗乱、脏乱不堪,因为怕脏没有对病犬做详细的检查,只根据所看到的病犬症状就做出错误的诊断;问诊内容不详细,事后在与猪场饲养员交谈中得知,猪场将一头被伪狂犬病病毒感染的死猪饲喂给病犬,由此可得知病犬是由吃入伪狂犬病病毒感染的死猪而造成感染。

九、犬传染性肝炎误诊为脂肪肝

犬传染性肝炎是由犬腺病毒Ⅰ型引起的一种急性败血性疾病，主要发生在 1 岁以内的幼犬，成年犬很少发生且为隐形感染，即使发病大多数也能耐过。病犬和带毒犬是主要传染源，病犬分泌物、排泄物中均含有病毒，康复带毒犬可从尿液中长时间排毒。本病主要经消化道传播，也可经胎盘传播，感染新生幼犬会引起死亡。本病的发生无明显季节性，以冬季多发，幼犬的发病率和死亡率较高。

【病例介绍】 藏獒，3 月龄，雄性，体重 8.9 千克。

主诉：此犬于就诊 3 天前发病，精神委靡不振、呕吐、不吃食、喜卧、爱睡觉。医生对病犬进行检查后发现，此犬体温 39.6℃，可视黏膜黄染、精神沉郁、肠蠕动音增强、腹壁触诊疼痛明显、呕吐伴有腹泻、粪便中有少量暗红色的血液；犬瘟热抗原检测呈阴性，犬细小病毒抗原检测呈阴性；粪便虫卵检测呈阴性；血常规检查白细胞总数升高至 22.4×10^9/升，淋巴细胞总数升高至 5.7×10^9/升，粒细胞总数升高至 16.3×10^9/升，红细胞和其他项目正常；血清生化检测碱性磷酸酶升高至 420 单位/升，丙氨酸氨基转移酶升高至 230 单位/升，天门冬氨酸氨基转移酶升高至 320 单位/升，谷氨酰转肽酶升高至 9 单位/升，总胆红素升高至 17 微摩/升，血糖、血清总蛋白和白蛋白的检测值都在参考值的范围内。医生根据症状和检查结果诊断为脂肪肝。给予 5% 葡萄糖注射液、强力宁 5 毫升，静脉注射，每日 2 次；促肝细胞生长素 10 毫克，肌内注射，每日 2 次；速诺 0.8 毫升，肌内注射，每日 1 次。连续用药治疗 2 天后病情无明显改观，且病犬的右眼角膜变蓝，有时伴有抽搐。另外，犬主家里饲养的另外两只幼犬也相继发病，所表现的症状与治疗的病犬十分相似，主人要求对病犬实施安乐死术。医生将安乐死后的病犬尸体进行剖检，发现扁桃体水肿、出血，肝脏肿胀、质脆，切面外翻,肝小叶明显,胆囊壁水肿明显,且水肿的胆囊壁上有出血点。腹腔有血性积液,肠系膜淋巴结水肿,肠内容物混有血液。电镜超薄切片检查,肝细胞内见有呈晶格状排列的腺病毒Ⅰ型及其前体,最后根据剖检结果和电镜检查结果诊断为传染性肝炎。

【诊疗失误病例分析与讨论】 脂肪肝主要是中性脂肪贮存于肝细胞内而造成肝脏肿大的疾病,其原因一是由于长期摄入高脂肪和高碳水化合物、低蛋白质的食物,或饥饿、运动不足以及抗脂肪物质不足,引起原发性脂肪肝;二是继发性的,如急性慢性肝炎、其他传染病和寄生虫病、慢性胰腺炎和各种慢性代谢性疾病、糖尿病等。组织内的脂肪被动员储存到肝脏而引发临床症状,表现为精神不振、食欲减退、呕吐、腹胀,有时伴有腹泻或腹泻与便秘交替出现,肝脏肿大,触诊肝脏无明显压痛,有时伴有黄疸,诊断主要依据超声波检查和肝脏穿刺活检结果做出。

犬传染性肝炎是由腺病毒Ⅰ型引起的,主要经消化道传播,潜伏期较短,自然感染为6～9天。经消化道感染的病毒,首先在扁桃体进行初步增殖,接着直接进入血流,引起体温升高等病毒血症。后定位于特别嗜好的肝细胞和肾脏、脑、眼等全身小血管内皮细胞,引起实质性肝炎、间质性肾炎、非化脓性脑炎和眼色素层炎等炎性症状。犬传染性肝炎除"蓝眼"症状外,其他症状均缺乏示病性。同时,犬传染性肝炎又常易与犬瘟热病毒、副流感病毒等混合感染,增加了临床诊断的复杂性,依靠临床症状只能做出初步诊断,确诊必须通过病原学检查和血清学试验。

十、犬钩端螺旋体病误诊为肾炎

钩端螺旋体病是一种重要而复杂的人兽共患病和自然疫源性传染病。家畜中以猪、牛、犬的带菌率和发病率较高。本病临床表现形式多样,主要有发热、黄疸、血红蛋白尿、出血性素质、流产、皮肤和黏膜坏死、水肿等。公犬发病率高于母犬,幼犬发病率高于老龄犬。1886年Well首次报道本病,称为外耳病,后证实为黄疸型钩端螺旋体病,我国1943年才有本病的正式报道。

【病例介绍】 罗威纳犬,4岁,雄性,体重32千克。

主诉:此犬近2天发病,不食、呕吐、排血尿。经检查体温39.8℃,呼吸急促,结膜潮红,阴囊和两后肢末端水肿。血常规检查白细胞总数升高至23.8×10^9/升,粒细胞总数升高至21.3×10^9/升,其他项目正常;犬瘟热病毒抗原检测阴性,尿液呈暗褐色,肾功能检查血清尿素氮7.6毫摩/升,血清肌酐升高至196微摩/升,其他项目正常。医生根据病犬的临床症状和检查结果诊断为肾炎。给予5%碳酸氢钠注射液50毫升、生理盐水100毫升静脉注射,每日1次;生理盐水200毫升、头孢曲松钠1500毫克,静脉注射,每日1次;止血敏0.5克,皮下注射,每日1次。连续用药治疗2天,第三天复诊时,医生在对病犬进行检查时发现病犬结膜黄染且下肢和阴囊、腹下皮肤水肿严重,触摸腿部肌肉异常疼痛,遂请同行专家对病犬进行会诊。同行专家对病犬进行检查后将采集的尿液送至化验室检查,尿液涂片染色,在暗视野下进行检查,发现有钩端螺旋体,则诊断为钩端螺旋体病。每日上午静脉注射5%糖盐水300毫升、青霉素2.5克,晚上肌内注射青霉素2.5克,同时使用链霉素1克肌内注射,每日2次。连续用药治疗3天后,病犬病情好转,食欲、精神状态等均有所恢复,继续用药3天,病犬基本痊愈。

【诊疗失误病例分析与讨论】 钩端螺旋体病的诊断方法较多,临床上主要表现发热、黄疸、出血性素质、血尿等,但由于其类型较多,有的症状不明显,出现上述症状的疾病也较多,故不易确诊。要确诊本病必须检查到病原体,因钩端螺旋体可随尿液排出,所以临床常用暗视野显微镜检查尿液,也可用凝集溶解试验、补体结合试验、酶联免疫吸附试验等方法确诊。

钩端螺旋体病的类型较多,如急性出血性黄疸型,在病的初期即出现黄疸,而亚急性型和慢性型直到肝脏受到损伤后才出现黄疸,这样就给早期诊断患病动物带来难度,因为一般临床宠物医生的经验是出现黄疸后才考虑是否是钩端螺旋体病。本病例的病犬生活在农村的院子里,平时看护粮仓,有时捕捉老鼠,发病与老鼠接触较多有关。所以,一旦病犬出现发热、厌食、呕吐、血尿等症状就应该考虑到钩端螺旋体病的可能,应进行血液、尿液等的检查,以便确诊或排除本病。

本病例在来诊时医生看到病犬发生血尿,首先考虑到泌尿系统疾病,由于钩端螺旋体病的发病率较低,所以临床诊断时容易被忽略,被排除在考虑之外。在治疗上,由于错误的诊断而没有使用针对钩端螺旋体的特效药物,虽然使用头孢曲松钠、补液等措施有一定的疗效,但没有使用青霉素和链霉素效果好,所以在临床检查时考虑的范围要广,检查项目要多一些,以供诊断时分析参考。

十一、布鲁氏菌病引起的流产误诊为机械损伤性流产

布鲁氏菌病是由布鲁氏菌引起的一种人兽共患传染病,其特征为生殖器官发炎和胎膜发炎,可引起流产、不育、睾丸肿大以及多种器官组织的局部病灶。本病世界各地都有流行,我国也有流行,尤以东北、内蒙古和西北等牧区的牛、羊、鹿发病最为严重,犬布鲁氏菌病则以吉林、广西等地区发病最为严重,猫的病例较少见。

【病例介绍】 萨摩耶犬,3岁,雌性,体重24千克。

主诉:此犬在妊娠48天时发生流产,在流产前2天与别的犬发生打斗,回家后阴门开始流灰绿色分泌物,并排出3只死胎。医生对病犬检查后发现病犬腹壁紧张,阴门红肿,阴道流灰绿色分泌物。X线检查子宫内还有3只胎儿显影,给予流产母犬缩宫素5单位,皮下注射,在注射缩宫素约15分钟后流产母犬排出第四只死胎,间隔30分钟后,又排出第五只和第六只死胎,触摸腹壁腹压

减轻,子宫内无胎儿,又经 X 线检查,确认子宫内无胎儿后,告知犬主回家将犬与别的犬隔离,尽量避免冲撞,此次流产是由于犬与犬之间咬架冲撞导致的机械损伤性流产。事隔 7 个月后犬主再次带犬至动物医院,主诉此犬在上次流产 5 个月后发情,交配妊娠至就诊当日是 52 天,从上次出现流产后,再次妊娠特别注意,从未发生任何冲撞,不知是何原因,此犬又发生流产,至来诊时已产出 2 只死胎。医生对病犬检查后发现阴门流黄绿色分泌物,阴门红肿,触摸子宫角内仍有胎儿,产道开放,于是注射 5 单位缩宫素,促进子宫收缩,流产母犬又产出 2 只死胎。检查死胎可见胎儿水肿,胎盘呈深绿色。因此犬连续 2 次发生流产,医生对流产母犬采集血液,进行弓形虫检测,检测结果为阴性。再进行布鲁氏菌抗体检测,检测结果为阳性。再进行试管凝集试验,结果为阳性。最后确诊为布鲁氏菌感染引起的流产。为防止疾病的传播和保证人、畜的健康,建议犬主淘汰此流产母犬。

【诊疗失误病例分析与讨论】 流产可分为非感染性流产和感染性流产 2 种。非感染性流产主要是由于母犬内分泌失调,如体内雌激素过多而孕酮不足或缺乏,生殖器官疾病如慢性子宫内膜炎等,虽妊娠但影响胎儿发育,饲养管理不当、食物霉烂变质、营养成分不全、亲近繁殖、胎儿发生畸形或早期死亡,外界环境不良、应激因素如寒冷、高温、噪声、惊扰等影响,母体其他系统的疾病如心脏功能衰竭和剧痛等,机械性损伤如跳跃、打架、碰撞、挤压、摔倒等外力作用于妊娠动物腹部等,以及因用药失误、手术等影响而引起。感染性流产是由于母体受到细菌、病毒、原虫等的感染而发生的流产,常见病原体包括布鲁氏菌、葡萄球菌、大肠杆菌、沙门氏菌、犬瘟热病毒、钩端螺旋体、胎儿弧菌、弓形虫等。

临床上遇到流产的病例应先判断流产的种类,清楚是由什么原因引起的流产。如布鲁氏菌感染引起的流产,可通过血清凝集试验确诊。弓形虫感染,可通过胎儿脏器尤其是胎儿脑组织中原虫的检查,或进行组织切片进行确诊,或用孕畜血清进行补体结合反应试验进行诊断。

十二、猫传染性腹膜炎误诊为肝腹水

猫传染性腹膜炎是由猫传染性腹膜炎病毒引起猫科动物的一种慢性进行性传染病，以腹膜炎、大量腹水积聚和致死率较高为特征。

【病例介绍】 狸花猫,3岁,雌性,体重3.9千克。

主诉:此猫腹围增大,开始以为是妊娠,但近一段时间病猫食欲减退,有时伴有呕吐、腹泻,此猫从未做过驱虫和免疫。初诊医生对病猫检查后发现,病猫体温40.3℃,精神沉郁,形体消瘦,肚腹胀满,腹围增大,心脏听诊呈拍水音,呼吸急促,心率增速,可视黏膜黄染,无食欲;X线检查膈肌前移,腹腔呈均匀的、不透明的高密度阴影,呈弥散性分布。初诊医生根据病猫的临床症状和检查结果诊断为肝腹水。通过腹腔穿刺针将病猫的腹水放出1/2,腹水呈淡黄色;给予甲氧氯普胺2毫克,皮下注射,每日1次;呋塞米5毫克,皮下注射,每日1次;复方氯化钠注射液30毫升、5%葡萄糖注射液30毫升、辅酶A50单位、维生素C0.1克、三磷酸腺苷10毫克,静脉注射,每日2次;5%葡萄糖注射液50毫升、强力宁5毫升,静脉注射,每日1次。连续用药治疗5天后,病猫病情不但未得到缓解,且腹水量有所增加,病猫精神状态更加委靡不振,猫主带猫转院治疗。

转诊医院医生听过病情介绍后,检查发现病猫虽然可视黏膜黄染,但触诊肝区无明显痛感,体表淋巴结肿大,呼吸困难;腹腔穿刺抽吸腹水检查后发现,腹水中含有大量的蛋白质、巨噬细胞、间质细胞和嗜中性粒细胞;采集粪便进行猫传染性腹膜炎抗体检测,检测结果为强阳性。最后根据病猫的临床症状和检查结果诊断为猫传染性腹膜炎。告知猫主人此病尚无有效的特异性治疗药物,而且此病猫的体况较差,建议对病猫实施安乐死术,最后猫主同意实施安乐死术。

【诊疗失误病例分析与讨论】　猫传染性腹膜炎可感染各种年龄的猫,以 1～2 岁的猫和大于 11 岁的老龄猫多发。不同品种、性别的猫对本病易感性无明显差异,但纯种猫的发病率高于一般家猫。本病呈地方性流行,首次发病的猫群发病率可达 25%,从整体来看,发病率不高。可经消化道感染或经媒介昆虫传播,猫的粪便和尿液可排出病毒,也可经胎盘垂直传播。猫传染性腹膜炎分为湿性(渗出性)和干性(非渗出性)2 种,发病初期症状常不明显或不具特征性,表现病猫体重减轻、食欲减退或间歇性厌食、体况虚弱,随后体温升高至 39.7℃～41.1℃,血液中白细胞总数增多,有些病猫可出现温和的上呼吸道症状。持续 7～42 天后,湿性病例腹水积聚,可见腹部胀满,腹部触诊一般无痛感,但似有积液。病猫呼吸困难、逐渐衰弱,并表现贫血症状。病程从数日至数周,有些病猫很快死亡。约 20% 的病猫还可见胸水和心包液增多,从而导致呼吸困难,某些湿性病猫可发生黄疸。干性病例主要侵害眼、中枢神经、肾脏和肝脏等组织器官,几乎不伴有腹水,眼部感染,角膜水肿,角膜上有沉淀物,虹膜睫状体发炎,眼房液变红,眼前房内有纤维蛋白凝块,患病初期多见有火焰状网膜出血。中枢神经受损时,后躯运动障碍、运动失调、痉挛、背部感觉过敏,肝脏侵害的病例可发生黄疸,肾脏受侵害时常能在腹壁触诊到肿大的肾脏,病猫出现进行性衰竭等症状。

猫传染性腹膜炎的诊断常采用中和试验和免疫荧光试验,目前临床上可用猫传染性腹膜炎快速诊断试纸,使用起来非常方便、快捷。

导致本病例误诊的主要原因是初诊医生只考虑到病猫的腹水症状,认为腹水就是肝腹水,未对腹水进行收集化验,以区分腹水是漏出性还是渗出性。充血性心衰、肝功能异常、肾脏疾病、低蛋白血症、腹膜炎、腹腔肿瘤等都可以引起腹水,所以在临床上遇到腹水的病例一定要搞清腹水的性质和原因,才能对疾病做出正确的诊断。

十三、猫淋巴肉瘤误诊为肠梗阻

猫淋巴肉瘤是猫常见的传染病,是由猫白血病病毒水平传播而感染。本病毒为单股 RNA 病毒,在分类学上属于反转录病毒科,存在于猫的唾液、尿液中。健康猫因长期接触病猫经眼、口腔、鼻黏膜感染而发病,也可通过吸血昆虫和输血血液传播。

【病例介绍】 狸花猫,3 岁,雄性,体重 3.2 千克。

主诉:此猫最近一段时间表现无食欲、呕吐、不排便、明显消瘦。经检查此猫体温 38.3℃,可视黏膜颜色较淡,呼吸基本正常,心率较正常稍快,触摸腹部可摸到一直径约 3 厘米的硬块,游离性较大。医生根据病猫所表现的症状和检查结果诊断为肠梗阻,建议对病猫进行剖腹探查手术治疗。给予阿托品 0.05 毫克/千克体重,皮下注射,做麻醉前给药;丙泊酚 6 毫克/千克体重,静脉注射,做诱导麻醉;气管插管,用异氟烷进行维持麻醉。病猫仰卧保定,术部剃毛,常规消毒,创巾隔离,脐后腹白线切口,显露腹腔,摸到肿块,牵拉至切口外发现不是肠梗阻的异物,而是肠系膜上的增生物。继续探查腹腔发现还有 2 块增生物在肠系膜上,遂将肠系膜上的增生物摘除。常规缝合腹膜、肌肉和皮肤。

手术 2 天后病猫开始有食欲,给予一些稀饭和肉汤等易消化的食特,术后食欲逐渐增加,状态也有所好转。但在拆线后 20 天左右时病猫突然腹泻,粪便中含有大量血液,随后发生休克,1 天后死亡。病猫死后剖检,见心脏、脾脏肿胀,胃肠道内充满血便,膈肌、肝脏上有黄豆大小的增生物,肠系膜出现 2 个直径 3 厘米左右的增生物。取增生物做组织切片检查见有大量淋巴细胞浸润,最后确诊为猫淋巴肉瘤。

【诊疗失误病例分析与讨论】 导致本病例误诊的原因是在临床检查时,触摸腹部发现腹腔内有硬块就认为是肠梗阻,而没有区分硬块是在肠腔内还是在肠腔外。触摸到硬块感觉游离性较大时

还应考虑到肾脏游离、肠系膜肿瘤、粪便的秘结块等。若继续做 X
线和 B 超检查就可区分硬块的性质和部位。另外,在手术前未对
病猫进行血液常规检查和血清生化检查,若进行血常规检查看到
白细胞总数、红细胞总数、白细胞分类计数等项目发生变化,可提
示淋巴肉瘤存在的可能性。而血清生化检查可判断肝功能、肾功
能的变化,这对病猫的体况可有更进一步的了解。发现腹腔内有
硬块就诊断为是肠梗阻,而且发现可视黏膜颜色较淡、形体消瘦、
心跳较快等,就主观地认为是由于病程长、无食饮、呕吐等所造成。
而且,在手术后也未及时对摘除的增生物进行组织切片检查,而是
等到病猫死后才进行组织切片检查,延误了确诊的时间。以上这
些情况都说明医生在临床思维上存在主观主义和经验主义。

十四、马拉色菌引起的外耳炎误诊为耳螨

马拉色菌属是人类和温血动物体表的正常菌群之一,也是条
件致病菌。犬马拉色菌外耳炎是犬临床上常见的一种外耳道疾
病,由于犬外耳道构造特殊,耳毛多,外耳道耵聍腺、脂肪腺分泌异
常,加之内外环境的改变而使原本是常驻菌的马拉色菌发生过度
生长,造成马拉色菌性外耳炎。

【病例介绍】 可卡犬,4 岁,雌性,体重 13 千克。

犬主贾某饲养一只可卡犬,近 15 天以来一直左右摇晃脑袋,
频繁抓挠左侧耳朵,食欲、排便等均无异常。犬主将犬带至动物诊
所就诊,将病犬的情况向医生叙述了一遍,值班医生正在与朋友打
牌,听到犬主的叙述后看了一下病犬的两只耳朵,发现左侧外耳郭
有大量暗红色分泌物,闻到有臭味,当即诊断为耳螨感染。给予塞
拉菌素透皮滴剂 100 毫克,分 5 点滴于背处,另开给治疗耳螨的滴
耳油,告知犬主早、晚各用 1 次,滴于耳道内即可,随后又回到座位
上继续与朋友打牌。

犬主回家后每日早、晚按医生交代处置,结果病犬耳郭出现红

肿,遂转院治疗。

转诊医生对病犬的病情详细询问后,对病犬进行检查,发现病犬左侧耵聍腺水肿,触摸患处表现疼痛抗拒,外耳道出现暗红色分泌物且带有臭味。将耳道分泌物涂片,滴加 10%氢氧化钾溶液压片后镜检,未发现螨虫,又将耳道分泌物涂片,瑞氏染色后镜检,发现大量马拉色菌,最后根据病犬的临床症状和检查结果确诊为马拉色菌引起的外耳炎。给予酮康唑片剂 100 毫克,口服,每日 1次;复方克霉唑软膏涂于患处,早、晚各 1 次。连续用药 1 周后,病犬症状得到缓解,摇晃头部和抓挠耳朵的次数也减少很多,于是将酮康唑片剂停药,继续用复方克霉唑软膏涂于患处,早、晚各 1 次。1 周后病犬病情基本痊愈。

【诊疗失误病例分析与讨论】 耳外伤、耳内异物、过敏、螨虫、真菌与细菌感染等都能引起外耳炎,炎热、潮湿可增加本病的发病率。患外耳炎的动物表现病耳垂下、摇头、摩擦或抓挠病耳引起耳缘破溃、充血,过分摇头可导致耳郭血肿,外耳道疼痛或破溃、被毛潮湿、常流出淡黄色浆液性或脓性分泌物,粘连耳部被毛,并散发臭味,发病时间较长或未治疗的病例,耳道上皮增生、肥厚,使耳道阻塞,影响听力,体温间或升高,食欲不振。外耳炎较易诊断,特异性病因或异物用耳镜仔细检查即可确诊。

耳螨可将耳道分泌物涂片后滴加 10%氢氧化钾溶液压片后镜检即可确诊。真菌或细菌引起的外耳炎可取分泌物进行镜检,或进行病原分离培养,即可确诊。

导致本病例误诊的主要原因是初诊动物医院医生对病犬检查不认真,对本职工作不负责任,敷然了事,违背了临床医生的职业道德。作为一名临床医生,在工作时应对每一个病例认真负责,而初诊医生只顾着打牌,粗心大意,问诊和检查不仔细,只根据病犬的浅表症状就草率地做出诊断和用药,不但误诊还导致误治,使病犬的治疗时间延长,病犬承受了长时间的痛苦,犬主也浪费了钱财,增加了治疗费用。

第十章　寄生虫病诊疗失误病例分析

一、犬钩虫病误诊为犬细小病毒感染

犬钩虫病是由于钩虫寄生于犬的小肠,引起的以贫血、消化紊乱、消瘦为主要特征的寄生虫病。

【病例介绍】　某犬场饲养 36 只萨摩耶犬,近 10 天左右有 20 多只犬出现血便,已出现死亡病例。经医生检查后确定为犬细小病毒感染引起的肠炎,立即用药对病犬进行治疗,结果病情不仅没有得到控制反而病犬数量不断增加,故请求会诊。会诊专家临床检查发现病犬呕吐,腹泻、粪便带血呈松油状,可视黏膜苍白、贫血,皮肤弹性降低,被毛粗乱无光泽,脱水,精神沉郁;血常规检查发现大部分病犬红细胞数量减少,血红蛋白降低,白细胞总数增高;采用犬细小病毒胶体金抗原检测试纸条对病犬粪便进行检测,结果为阴性,排除犬细小病毒感染;对粪便采用饱和盐水浮集法检测,发现大量钩虫卵;病死犬剖检后在小肠黏膜上发现大量钩虫成虫,确诊为钩虫感染引起的出血性肠炎。给予丙硫苯咪唑治疗,每千克体重 50 毫克,口服,连用 3 天,配合抗炎止血疗法。1 周后除 2 只体况较差的病犬死亡,其余病犬全部恢复正常。

【诊疗失误病例分析与讨论】　钩虫感染和细小病毒感染均可引起病犬排血便,但钩虫感染后主要表现精神沉郁、消瘦、贫血、结膜苍白、食欲不振、异嗜、呕吐,腹泻伴有腐臭气味,有时粪便带血,有的病犬甚至出现咳嗽和皮肤病症状。实验室检查红细胞数量降低,白细胞总数升高,用饱和盐水浮集法检查粪便可发现虫卵。而细小病毒感染病犬主要表现呕吐、腹泻,排番茄汁样粪便、粪便有腥臭味,严重病例可发生心肌炎症状。实验室检查红细胞一般正常,若发生脱水则红细胞数量升高、白细胞总数升高或降低,犬细小病毒胶体金抗原检测试纸条检测结果阳性。用饱和盐水浮集法检测粪便有时可见与蛔虫、钩虫等混合感染。此外,还应与冠状病毒病、球虫病、滴虫病等进行鉴别诊断。

二、弓形虫病误诊为支气管肺炎

弓形虫病曾称弓形体病、弓浆虫病,是一种主要侵害呼吸系统和神经系统的人兽共患寄生虫病,病原以猫为终末宿主。

【病例介绍】 巴哥犬,8月龄,雄性,体重6.2千克。

主诉:此犬最近一段时间咳嗽,流鼻液,且食欲有所减退,在家中喂过2次罗红霉素和清开灵口服液,病情不见好转,进而就诊。值班医生对病犬检查后发现此犬体温39.6℃,流脓性鼻液,诱咳阳性,听诊呼吸音粗厉,眵多难睁,羞明流泪,形体消瘦,被毛粗乱,其症状非常符合犬瘟热的症状。采集眼分泌物进行犬瘟热抗原检测,检测结果为阴性,排除犬瘟热感染。根据病犬所表现的临床症状诊断为支气管肺炎。给予生理盐水80毫升、头孢曲松钠250毫克、地塞米松1毫克,静脉注射,每日1次;阿米卡星0.1克,皮下注射,每日1次。第一天用药后病犬症状有所缓解,鼻液减少,咳嗽减轻,且能吃少量食物。以后医生按第一天的治疗方案又用药2天,第四天复诊时主诉此病犬前一天晚上又开始不食,咳嗽加重,鼻液较前2天多。医生在对病犬检查时发现病犬眵多难睁,结膜出现黄染,X线检查发现肝脏密度增强,占位增大;肺脏纹理不清,呈云雾状显影。血常规检查发现白细胞总数升高至23.6×10^9/升,中性粒细胞升高至19.6×10^9/升,红细胞总数降至4.1×10^{12}/升,血小板降至11.6×10^9/升。血液涂片瑞氏染色后可见一端纯圆、一端稍突,胞质呈浅蓝色,有颗粒,核呈深蓝紫色、偏向纯圆一端的弓形虫滋养体。最后根据病犬的临床症状和检查结果诊断为弓形虫感染。给予磺胺嘧啶500毫克,口服,每日2次;克林霉素150毫克,皮下注射,每日2次。同时,给予补血剂口服。用药治疗2天后病犬开始有食欲,鼻液减少,咳嗽减轻,又继续用药治疗1周后,病犬状态基本恢复至病前的状态。告知犬主病犬可以出院,但本病为人兽共患病,在饲养时一定要做好防范,防止人被感染。

【诊疗失误病例分析与讨论】 猫是弓形虫的终末宿主,弓形虫在猫的肠道内通过有性繁殖和配子繁殖,发育成卵囊后随粪便排出体外。在适宜的条件下,经过孢子化发育成有感染力的孢子化卵囊。卵囊被犬吞食后,在肠道内逸出,随着血液循环进入机体组织,侵入细胞内迅速分裂增殖,如果犬没有产生免疫力和抵抗能力,而弓形虫虫株毒力很强,就可能引起犬弓形虫病的急性发作。反之,弓形虫繁殖受阻,则出现轻微发病,或不出现临床症状,存留的虫体会在犬的一些脏器组织中形成包囊。

弓形虫病的主要症状表现为发热、食欲不振、精神沉郁、虚弱、黏膜苍白、咳嗽、呼吸困难,有的甚至出现出血性腹泻和黄疸,少数病例出现呕吐,有的病例出现虹膜炎,甚至失明,也有的出现中枢神经系统紊乱,表现意识障碍、麻痹、痉挛,还可引起流产、早产和死胎。

弓形虫病的临床症状与犬瘟热特别是神经性犬瘟热很相似,很容易混淆,诊断时应加以鉴别,目前临床上已开始使用弓形虫IgM、IgG抗体快速诊断试纸进行诊断,非常方便、快捷。

导致本病例误诊的主要原因是由于值班医生缺乏对寄生虫病的了解,不加思考与分析,只凭呼吸道感染症状就错误诊断为支气管肺炎,若能尽早采集血液进行涂片染色镜检,即可在显微镜下看到弓形虫的滋养体,从而尽早确诊,避免诊疗失误的发生。

三、犬巴贝斯虫病误诊为肝炎

犬巴贝斯虫病是由犬巴贝斯和吉布逊氏虫等梨形虫引起的经

硬蜱传播的血液寄生虫病。临床上主要表现发热、贫血、尿液呈黄色或黄褐色、食欲差或废绝,急性病例还有黄疸和血红蛋白尿,慢性病例有时脾脏肿大。

【病例介绍】 德国牧羊犬,2 岁,雄性,体重 29 千克。

主诉:该犬发病 3 天左右,饮食差,有时不食,尿色赤黄,喜卧,不爱活动。经检查此病犬体温 39.6℃,心率 140 次/分,呼吸音正常,可视黏膜稍淡、略带黄染,鼻镜干燥,精神沉郁。值班医生初步诊断为肝炎,遂采取保肝利胆治疗。给予 5%葡萄糖注射液 100毫升、强力宁 10 毫升,静脉注射,每日 1 次;5%葡萄糖注射液 100毫升、维生素 C 0.5 克、辅酶 A 100 单位、三磷酸腺苷 20 毫克,静脉注射,每日 1 次。连续用药 3 天后犬主反映病犬病情不仅没有好转,反而精神状态逐渐变差,走路无力,爬楼梯常显困难。经检查病犬可视黏膜淡白,黄染较初次就诊时严重,精神委靡,呼吸急促、浅表,心率达 150 次/分。在与犬主沟通时得知犬主在此犬发病前 1 周左右带犬外出郊游爬山,回来洗澡时发现犬颈部被一只虫子叮咬,用手摘下虫体时,虫子的肚子里面全是血。根据犬主反映的情况,怀疑为蜱虫。遂对病犬耳尖采血涂片,经姬姆萨氏染色后于显微镜下观察,发现红细胞内有巴贝斯虫,最后根据检查结果确诊为巴贝斯虫感染。给予三氮脒 150 毫克,配成 1%溶液,肌内注射;维生素 B$_{12}$ 1 毫克,皮下注射;阿莫西林克拉维酸钾 750 毫克,皮下注射;5%葡萄糖注射液 100 毫升、强力宁 10 毫升,静脉注射。同时,口服复合维生素 B 粉。连续用药治疗 3 天后,病情明显好转,病犬开始吃食,精神状态也逐渐恢复正常,后经电话回访,主诉该犬完全恢复正常。

【诊疗失误病例分析与讨论】 巴贝斯虫是通过中间宿主蜱传播感染,蜱叮咬巴贝斯虫病犬,巴贝斯虫就随血液红细胞进入蜱的消化道。在蜱的消化道内虫体从红细胞内逸出,侵入蜱肠上皮细胞,进行多数分裂,形成很多细长的虫体,进入蜱的成熟卵内发育,当蜱卵发育成幼虫时,巴贝斯虫虫体又进入幼蜱肠道内进行大量分裂,最后在蜱的唾液腺内发育为对犬有感染力的新虫体。当这种具有巴贝斯虫感染力的蜱叮咬犬时,虫体便随唾液进入犬体感染犬。巴贝斯虫病多发于有蜱地区,特别是在春、秋季蜱的活跃期较为严重,纯种犬和引进犬多发,地方犬和杂交犬对巴贝斯虫病有较强的抵抗力。

巴贝斯虫感染后病犬表现为发热、精神沉郁、厌食,尿液呈黄色、茶色或红色。随病情逐渐发展,病犬很快出现贫血症状,有的病犬出现黄疸、无力、行走困难、严重虚脱,随着病程的延长,有的病犬脾脏肿大。

巴贝斯虫病的诊断主要根据临床症状和实验室检查,通过采集末梢血液涂片,姬姆萨氏染色后,在高倍显微镜下观察,在红细胞内找到点状、环形或梨形等多形态虫体即可确诊。有时血液涂片不一定能找到虫体,易造成漏诊误判,应引起临床医生的注意。血清学诊断(如间接荧光抗体试验、酶联免疫吸附试验)和分子生物学检测(核酸探针和聚合酶链式反应)可用于巴贝斯虫病的诊断。

导致本病例误诊的主要原因是由于医生问诊不全面,局限在病犬的表面症状上,如果在第一次就诊时通过详细的问诊再结合病犬的临床症状,就能得知本病的相关线索,再做必要的血液涂片检查,即可以做出正确的诊断,避免拖延病程和延误治疗时间。

四、球虫病误诊为直肠脱

球虫病是一种原虫病,可感染家禽、家畜、两栖动物、鱼类等多种动物,犬和猫球虫病的病原是等孢球虫,主要寄生在小肠黏膜上皮细胞。临床上主要表现为血便、贫血、衰弱和食欲减退。

【病例介绍】 土种犬,2月龄,雌性,体重1.4千克。

犬主王某在宠物交易市场购买该犬,回家后发现此犬腹泻,在家口服庆大霉素和蒙脱石散,翌日早晨发现此犬直肠脱于肛门外,进而带至宠物医院就诊。医生对病犬进行检查后,立即诊断为直肠脱。

　　将病犬仰卧保定,在脱出的直肠上涂洒利多卡因,将脱出直肠清洗干净,再用5％明矾溶液清洗脱出的黏膜,针刺水肿部位,待水肿黏膜皱缩后再慢慢还纳,直至完全送回。为防止直肠再次脱出,在肛门周围做荷包缝合,术后给予氨苄西林钠50毫克,皮下注射,每日2次,连续用药3天,术后5天拆除缝合线。在拆除缝合线后的第三天,犬主再次带犬至动物医院就诊,主诉此病犬在拆线第二天又开始腹泻,且粪便中带血,直至直肠脱垂,且该犬有时发生呕吐。医生发现病犬结膜略显苍白,采集粪便进行犬细小病毒抗原检测,检测结果为阴性。又采集粪便进行饱和盐水浮集后镜检,在粪便中发现球虫卵囊,最后根据病犬的临床症状和检测结果诊断为球虫感染。给予甲氧氯普胺0.4毫克,皮下注射,每日1次;止血敏0.05克,皮下注射,每日1次;磺胺二甲氧嘧啶80毫克,口服,每日2次;将脱出的直肠清洗干净,还纳后在肛周做荷包缝合。用药治疗2天后病犬呕吐停止,腹泻次数减少,并开始少量进食,用药治疗5天后病犬腹泻停止,食欲基本恢复正常,拆除缝合线。停用甲氧氯普胺和止血敏,只给予磺胺二甲氧嘧啶,每日2次,连续口服5天。事后电话回访,主诉病犬再未发生腹泻和直肠脱垂,状态恢复良好。

　　【诊疗失误病例分析与讨论】　球虫病流行广泛,各品种、年龄、性别的犬、猫均可感染,幼犬对球虫病更加易感。发病动物和带虫的健康动物是重要传染源,其粪便可以污染食物、饮水以及周围环境。球虫病经消化道感染,易感动物吞饮了被污染的食物和水或吞食带球虫卵囊的苍蝇、鼠类等均可导致发病,在环境卫生和饲养条件较差的饲养场常可发生严重流行。

　　球虫病在轻度感染时一般无可见临床症状,严重感染时出现明显的临床症状。一般于感染后3～6天,患病动物轻度发热,精神沉郁,消化不良,出现水样腹泻,或排出泥状粪便或带有黏液的血便,被毛无光泽,进行性消瘦,贫血,最终因衰竭死亡。若抵抗力较强,感染 3 周以后临床症状逐渐消失,大多数可自然康复。

球虫主要破坏肠黏膜上皮细胞,导致出血性肠炎和肠黏膜细胞脱落;回肠段黏膜肥厚,黏膜上皮剥蚀。慢性病例小肠黏膜内有白色结节,结节内充满球虫卵囊。

诊断球虫病可采集粪便,用饱和盐水浮集法检查,在粪便中发现虫卵即可确诊。

直肠脱是指后段直肠黏膜层脱出肛门或全部翻转脱出肛门。引起直肠脱的原因很多,常见于胃肠炎、难产、前列腺炎、便秘以及代谢产物、异物和裂伤引起的强烈努责,饲喂缺乏蛋白质、水和维生素的多纤维性饲料,严重感染蛔虫、球虫等的青年犬易发,先天性直肠括约肌无力的波士顿小猎犬在发育期比其他品种犬易发生直肠脱。

治疗直肠脱时应找到引起直肠脱出的病因,对于脱出的直肠,脱出时间短的可进行整复手术,对于脱出时间长、黏膜水肿严重或坏死的应进行直肠切除手术,然后进行对因治疗。

五、犬心丝虫病误诊为心脏病

犬心丝虫病又称犬恶丝虫病,是由丝虫科、恶丝虫属的犬心丝虫寄生于犬右心室和肺动脉的一种寄生虫病。犬心丝虫的中间宿主是蚊子,成虫寄生于犬右心室和肺动脉,所产微丝蚴经血流至全身。当蚊子吸血时摄入微丝蚴,微丝蚴在其体内发育到感染阶段,当蚊子再次吸血时将感染性幼虫注入犬体内,微丝蚴从侵入犬体到血液中再次出现微丝蚴需要 6 个月时间,成虫可在体内存活数年。心丝虫病的发生与蚊子的活动季节相一致,心丝虫能感染犬、猫、狼、狐等多种动物。

【病例介绍】 京巴犬,7 岁,雌性,体重 6.2 千克。

犬主杨某近半年来经常带犬至动物医院就诊,此犬经常咳嗽、气喘,医生一直按肺源性心脏病治疗,曾给予贝那普利、匹莫苯丹、呋塞米等药物,但效果不佳,症状一直无明显改善,且胸、腹下部伴有水肿,犬主感觉病犬病情加重,进而转院治疗。转诊医生听过犬主对病犬的病情介绍后,对病犬进行检查,发现病犬体温37.7℃,精神委靡,可视黏膜苍白,呼吸加快,心音亢进,脉细而弱,心内有杂音,运动不耐受,机体消瘦,被毛粗乱,皮肤瘙痒,病犬抓挠皮肤并有多处皮肤破溃,中心有脓性结痂。血常规检查红细胞数量降至$3.1×10^{12}$/升,血红蛋白降低至76克/升,显示严重贫血;白细胞总数升高至$26.8×10^9$/升,淋巴细胞数量升高至$5.6×10^9$/升,粒细胞数量升高至$20.1×10^9$/升。用刀片刮取皮肤结节基部组织压片镜检,未发现有螨虫,发现有缠绕的线状虫体。采集全血1毫升加7%醋酸溶液,离心沉淀2～3分钟,取沉淀物镜检,发现有微丝蚴,最后确诊为犬心丝虫病。1周后该犬死亡,死后剖检在右心室和肺动脉发现大量的心丝虫成虫。

【诊疗失误病例分析与讨论】 犬心丝虫病的致病作用主要是机械性刺激、对血流的阻碍以及抗体与微丝蚴相作用形成免疫复合物的沉积作用。病犬可出现心内膜炎、心脏肥大、右心室扩张和肺动脉内膜炎,严重时可因肺动脉淤血导致腹水、肝脏肿大,有的还可以出现肾小球肾炎。咳嗽,运动不耐受,心音亢进,脉细而弱,心内有杂音,腹围增大,呼吸困难且运动后尤为明显。后期发生贫血和渐进性消瘦,最终衰竭死亡。有的病例发生癫痫等神经症状。病犬常伴发结节性皮肤病,以瘙痒和倾向破溃的多发性灶状结节为特征,主要于耳郭基底部皮肤出现剧痒的丘疹,其他部位也可出现丘疹和溃疡。皮肤结节中心发生化脓性肉芽肿炎症,在炎症周围的血管内常可见微丝蚴。

犬心丝虫病的诊断还可采用改良knott试验:取全血1毫升加2%甲醛溶液9毫升混合后,1 000～1 500转/分离心5～8分钟,弃去上清液,取1滴沉淀物和1滴0.1%美蓝溶液混合,镜检可发现有微丝蚴。

导致本病例误诊的主要原因是由于初诊医生对动物寄生虫病学了解不全面,对病犬所表现的症状没有进行深入分析,如果初诊医生接诊时通过临床症状再结合实验室检查,必能发现与心丝虫病相关的线索,就不难做出诊断,避免误诊和误治。

六、蛔虫病误诊为胃肠炎

蛔虫病是蛔虫寄生于犬、猫小肠和胃内,影响其生长发育的寄生虫病,主要危害幼犬和幼猫,可导致其发育不良,生长缓慢,严重感染时可导致死亡。

【病例介绍】 古老牧羊犬,60日龄,雄性,体重4.7千克。

主诉:此犬于3天前从宠物交易市场购回,前2天饮食欲、排便、精神状态等均无异常,但从前一天下午开始呕吐、腹泻,到晚上时已呕吐5～6次,且无食欲。医生对病犬进行检查后发现,此犬精神沉郁,肠蠕动音增强,流涎且嘴角附着大量黏液,可视黏膜呈粉白色,体温38.3℃。犬瘟热病毒抗原检测为阴性,犬细小病毒抗原检测阴性,犬冠状病毒抗原检测阴性,排除传染病感染,诊断为胃肠炎。给予甲氧氯普胺2毫克,皮下注射,每日2次;乳酸林格氏液40毫升、5%葡萄糖注射液40毫升,静脉注射,每日2次;5%糖盐水40毫升、氨苄西林钠200毫克、654-2 2毫克、地塞米松1毫克,静脉注射,每日2次;阿米卡星50毫克,皮下注射,每日2次。经过1天的治疗后,病犬症状有所缓解,呕吐减轻,精神状态好转,医生又继续用药1天,第二天用药后病犬呕吐加重,且呕吐物中有少量血丝,犬主看到病犬的病情加重,带病犬转院治疗。

到转诊医院后,犬主将病犬的发病过程和近几天的治疗方法向转诊医生做了介绍,转诊医生根据初诊医生已排除传染病感染的情况,对病犬检查后发现病犬有腹痛、腹部胀满、贫血等症状,遂采集粪便直接涂片镜检,发现蛔虫卵,最后诊断为蛔虫病。给予塞拉菌素透皮滴剂30毫克,分5点滴于背部皮肤;甲氧氯普胺2毫克,皮下注射,每日 2 次;乳酸林格氏液 40 毫升、5％葡萄糖注射液 40 毫升,静脉注射,每日 2 次;生理盐水 40 毫升、氨苄西林钠 200 毫克、654-2 2 毫克、地塞米松 1 毫克,静脉注射,每日 2 次;阿米卡星 50 毫克,皮下注射,每日 2 次。连续用药治疗 2 天后,病犬症状缓解,排出 3 条蛔虫成虫,又继续用药治疗 2 天后,病犬食欲、排便均恢复正常。

【诊疗失误病例分析与讨论】 导致胃肠炎发病的原因很多,如饲喂发霉的食物、异物的机械性刺激、服用或误食刺激性药物、滥用抗生素、应激反应等,在某些传染病和寄生虫病的病程中也可出现胃肠炎。另外,变态反应和全身性疾病,如肾衰竭、肝病、脓毒血症等均可引起胃肠炎。根据发病动物的症状和病史,对胃肠炎比较容易做出诊断,而查明确切原因需依靠实验室诊断。

导致本病例的误诊原因是由于初诊医生在进行问诊和检查时得知病犬呕吐、腹泻症状与胃肠炎症状相符合,即草率做出诊断。很多疾病都会表现呕吐、腹泻症状,如犬瘟热、犬细小病毒病、犬冠状病毒病、胃肠炎、肠梗阻、肝病、肾病等,所以临床兽医在进行临床检查时不能只注重动物的表面症状而忽视内在原因,一定要先搞清发病原因,才能做出正确的诊断和治疗。

七、耳痒螨病误诊为细菌性中耳炎

耳痒螨病是由于耳痒螨寄生于犬、猫外耳道而引起的外耳部炎症。

【病例介绍】 虎斑猫,4 月龄,雄性,体重 1.6 千克。

近 1 周以来,此猫总是左右摇晃头部,有时用两前肢抓挠耳朵,进而猫主将猫带至动物医院就诊。猫主将猫的病情向值班医生介绍后,医生对病猫进行检查,发现病猫耳道内有大量污垢,采集耳道分泌物涂片染色后镜检,发现大量葡萄球菌,医生根据化验结果诊断为细菌性中耳炎。给予阿莫西林克拉维酸钾片剂 40 毫克,口服,每日 1 次。同时,清理耳道后将抗菌滴耳油滴入耳道,每日 2 次。

连续用药 1 周后复诊,主诉病猫症状无明显改观,还是不停地抓挠耳朵,医生告诉猫主,这是耳道感染后的炎症反应,是正常表现,告诉猫主停用口服药,继续用抗菌滴耳油滴耳,1 周后复诊。猫主按医生的嘱咐,每日用抗细菌耳油滴耳,3 天后病猫将耳郭皮肤挠破,表现食欲减退,猫主感觉病情加重,带病猫转院治疗。转诊医院医生对病猫检查后,采集耳道污垢,涂片后滴加 10% 氢氧化钾溶液,加盖玻片后镜检,发现耳痒螨,又将耳道污垢涂片染色后镜检,发现少量葡萄球菌,最后诊断为耳道痒螨病。采取以下治疗措施:为防止病猫抓挠耳朵,为病猫佩戴项圈;耳朵破溃处涂布红霉素软膏,每日 2 次;给予伊维菌素 0.5 毫克,皮下注射,每周 1次;清理耳道后用抗螨虫滴耳油滴耳,每日 2 次。连续用药 3 周后病猫症状完全消失,恢复正常。

【诊疗失误病例分析与讨论】 能引起外耳炎的原因很多,如不正确洗耳引起的耳外伤、耳内异物、外耳畸形等均可引起外耳细菌或真菌感染。耳痒螨是导致外耳炎的重要病原,炎热、潮湿也可增加外耳炎的发病率。大多数外耳炎较易做出诊断,耳垢呈黑褐色鞋油状,常与葡萄球菌和糖疹癣菌感染有关;耳垢呈黄褐色、易碎,可能是葡萄球菌、酵母菌或变形杆菌感染;呈黄绿色水样脓性且有臭味的分泌物可能为变形杆菌或假单胞菌感染。确诊病原需进行微生物培养分离。若耳镜检查时发现小点状白色物体蠕动,则为耳痒螨感染。

导致本病例误诊的原因是由于初诊医生在开具化验单时未注明要做寄生虫还是微生物检查,化验员在接到化验单后未确定化验的针对性而随便进行了微生物检查,医生在接到化验报告时只按化验报告的结果进行处置,未询问化验员都做了哪些方面的化验。在第二次复诊时,病猫病情不见好转,医生认为是炎症反应的表现,而未深究。因此,提示动物医院的各个部门之间要加强协调,医生在开具化验单时要注明检查的部位、样本、针对的方向,防止出现检查和化验等方面出现遗漏。

八、疥螨病误诊为跳蚤叮咬感染

疥螨病是犬、猫较严重的常见皮肤病,是由疥螨科、疥螨属的犬疥螨和背肛疥螨属的背肛螨寄生于犬、猫皮肤内所致。临床特征为剧烈瘙痒。饲养环境潮湿、卫生不良和皮肤表面湿度较高时极易感染,带虫动物是主要传染源。本病易感染人。

【病例介绍】 金毛犬,2岁,雄性,体重32千克。

犬主蒋某在家给犬洗澡时发现犬尾部、腹下、腹侧等处有大量红疹,且病犬不停地啃咬、抓挠患处。犬主带病犬至动物医院就诊,医生看过患处后诊断为跳蚤叮咬导致的皮肤感染,让犬主给病犬佩戴去跳蚤项圈,在颈背侧滴灭虫宁滴剂。经1周治疗后,病情不但没有好转,而且病犬食欲下降,红疹逐渐蔓延至全身,局部出现化脓灶,发展成脓皮症。犬主再次带犬至动物医院就诊,医生看到病犬病情加重,随即采集病料,用刀片深刮新鲜病变部位皮肤,送化验室检查,在显微镜下发现疥螨。最后根据病犬的临床症状和化验结果,确诊为疥螨病。将病犬患处的被毛剪掉,用除螨虫药浴剂药浴,同时除去污垢和痂皮,吹干后在患处涂布消炎杀螨膏。同时,给予伊维菌素10毫克,皮下注射,每周1次;头孢曲松钠1 500毫克,皮下注射,每日1次。最后经过治疗,此犬痊愈。

【诊疗失误病例分析与讨论】 疥螨病的症状主要表现为皮肤发红、剧痒,一般症状为脱毛、皮肤变厚,出现红斑、小块痂皮和鳞屑,瘙痒可导致犬、猫抓伤自身,继发细菌感染。疥螨常寄生在耳外,严重时波及肘和跗关节部,临床上常见背部、腹下部病灶分布较多。大麦町犬的疥螨感染率高,夏季是疥螨病的主要发病期。

疥螨病的诊断主要根据临床症状和皮肤刮取物的显微镜检查,发现疥螨即可确诊,耳部、背部红疹处皮肤刮取物检出率较高。

导致本病例误诊的原因首先是医生的思维方法存在问题，带有主观主义和经验主义，在了解病情不全面的情况下做出错误的诊断。其次在治疗上存在问题，在误诊后进行治疗时仅限于体表杀虫，未考虑继发感染。再则是未采集病料送实验室镜检，诊断缺乏科学依据，盲目下结论而导致误诊。

九、蠕形螨病误诊为真菌性皮炎

蠕形螨病又称为毛囊病或脂螨病，是由蠕形螨寄生于犬、猫的皮脂腺、淋巴组织或毛囊内引起的一种常见而又顽固的皮肤病。多发于5～10月龄幼犬，成年犬多见于发情后期或产后的雌犬，部分犬的发病有明显的家族病史。

【病例介绍】 巴哥犬，7月龄，雄性，体重6.9千克。

主诉：此犬近一段时间脱毛且皮肤散发臭味，医生检查后发现此犬体表呈弥散性脱毛，脱毛处有黄色皮屑。医生将病犬带至暗室进行伍德氏灯检测，检测后发现脱毛处皮屑呈金黄色荧光，检测结果为阳性，医生随即诊断为真菌性皮炎。给予伊曲康唑35毫克，口服，每日2次；用酮康唑软膏涂于患处，每日2次。主人回家后每天按时给犬用药，连续用药半个月后，病犬病情未见好转，且脱毛加重，体表臭味加重，病犬表现强烈瘙痒，不停地抓挠患处，犬主感觉病犬病情加重，进而转院治疗。

犬主将病犬带至转诊动物医院，将病犬的病情向值班医生介绍后，值班医生对病犬进行了系统检查，发现此犬散发强烈的体臭味，全身呈弥散性脱毛，皮肤红肿，又有皮脂溢出，颈下部脱毛严重，并有少量皮屑，医生刮取患处的皮屑，送化验室检查，结果发现蠕形螨和大量的葡萄球菌。随后采取如下治疗措施：将脱毛严重处的被毛剪掉，用温的洗必泰溶液清洗干净，涂擦5%碘酊；涂布消炎杀螨膏，每日2次；给予伊维菌素2毫克，皮下注射，每周1次；给予高免因子2粒，口服，每日1次。连续用药治疗1个月后，病犬症状得到控制,体臭消失,患处生长出新的被毛,食欲、精神状态等恢复良好。

【诊疗失误病例分析与讨论】 蠕形螨病多发于面部和耳部,严重时可蔓延至全身。病初脱毛,皮肤有红斑且界限明显,毛囊周围有红斑状小凸起,并伴有皮肤的轻度潮红和麸皮状脱屑,随后皮肤变为红铜色,患部几乎不痒。有的病例因继发感染而发展为脓疱型,患处化脓,形成脓疱和溃疡,流出的淋巴液干涸结痂,皮肤形成皱褶或出现皱痕,表现抓挠痛痒。多数病例散发一种特殊的臭味,严重病例会因脓毒血症或自体中毒而死亡。

蠕形螨病可通过患病动物的临床症状结合病料检查做出诊断,用 10%氢氧化钾溶液将病料溶解后涂片,在低倍镜下检查,检出虫体即可确诊。病初检出率低,应反复多部位采集病料进行检查,可提高检出率。

蠕形螨病基本上不能治愈,可终身携带,只能控制治疗,以减少复发的概率。

导致本病例诊疗失误的原因是初诊医院条件较简陋,平时医生对动物疾病的诊断主要是凭眼观和经验,不能进行相关的实验室检查。由于条件的限制,一旦碰到复杂的疑难病例和新病例就束手无策,只能对症治疗或试探性治疗,导致延误治疗,不仅造成犬主经济损失,同时也给医院的声誉带来不良影响。

第十一章 营养代谢病诊疗失误病例分析

一、维生素 B₆ 缺乏症误诊为疥螨病

维生素 B₆ 是吡哆醇、吡哆胺和吡哆醛的总称,在体内经过磷酸化后,是转氨酶、氨基羧酶的辅酶,与胆固醇和中枢神经系统的代谢有重要关系。维生素 B₆ 缺乏可引起各种代谢障碍。

【病例介绍】 迷你贵妇犬,6 月龄,雄性,体重 2.5 千克。

犬主杨某饲养一只迷你贵妇犬,因近一段时间面部脱毛、瘙痒、抓挠患处,带病犬至动物医院就诊。医生经过检查发现病犬面部脱毛、有红斑,立即诊断为疥螨病,给予伊维菌素 0.1 毫克,皮下注射,每周 1 次。同时,将患处被毛清理干净,涂布消炎杀螨膏,每日 2 次。连续用药 2 周后病犬瘙痒症状缓解,但脱毛严重,病犬的颈背部和四肢都出现不同程度的脱毛,犬主带犬至某动物医院就诊。犬主将病犬病情向值班医生叙述后,值班医生又对病犬的既往病史进行了询问,经询问得知,该犬在 4 月龄时曾感染过犬细小病毒病,经治疗后基本康复,但吃食后经常发生呕吐,呕吐后就表现不食,过一段时间后基本恢复食欲,一直以来就这样反反复复,导致此犬非常消瘦,运动不耐受、易疲劳。医生对病犬仔细检查后,发现此犬形体消瘦,结膜略显苍白,刮耳皮屑化验未发现螨虫,只发现有少量葡萄球菌,医生根据主诉内容以及病犬的临床症状和检查结果,怀疑为维生素 B₆ 缺乏症。给予维生素 B₆ 0.11 毫克,皮下注射,每日 1 次;同时,口服复合 B 族维生素粉剂;将红霉素软膏涂于患处,每日 2 次。经过治疗,10 天后病犬瘙痒症状减轻,面部抓挠破溃的伤口愈合,医生停止皮下注射维生素 B₆ 和外涂红霉素软膏,只给予复合 B 族维生素粉剂口服。1 个月后,病犬

的精神状态恢复正常,贫血症状有所纠正,脱毛处长出新的被毛,最后根据病犬的临床症状和药物性治疗诊断,确诊为维生素 B_6 缺乏症。

【诊疗失误病例分析与讨论】 饲喂的食物中长期缺乏维生素 B_6、患慢性腹泻导致吸收不良、妊娠、哺乳、对维生素 B_6 需求量增加或使用有拮抗维生素 B_6 作用的药物(如异烟肼)均可引起维生素 B_6 缺乏症。

维生素 B_6 缺乏以小红细胞低色素性贫血为特征,同时发生神经退行性变性和肝脏脂肪浸润,病犬可出现癫痫样发作,共济失调,甚至昏迷,幼犬胃肠功能障碍,食欲不振,发育不良,消瘦,反应过敏,有的眼睑、鼻、口唇周围、耳根后部、面部发生瘙痒性红斑样皮炎或脂溢性皮炎,有的口角、舌发炎。

维生素 B_6 缺乏可根据发病动物的病史、临床症状以及使用维生素 B_6 治疗有效做出初步诊断。必要时可以进行色氨酸负荷试验、蛋氨酸负荷试验和红细胞转氨酶活性测定。

导致本病例诊疗失误的主要原因是由于初诊医生检查时不细致,看到病犬有瘙痒、红斑、脱毛等症状,第一反应就是螨虫感染。但是,能引起瘙痒、红斑、脱毛的原因很多,如疥螨、蠕形螨的继发感染、细菌性皮炎、真菌性皮炎、过敏等,所以在临床上不能仅凭经验诊断疾病,应该放开思路,通过细致的检查和必要的化验来确诊疾病。

二、母犬低糖血症误诊为产后缺钙

母犬低糖血症主要发于生妊娠母犬分娩前后,是血糖降低至一定程度时发生的综合征,临床上主要表现为神经症状。

【病例介绍】 灵提犬,1.5 岁,雌性,体重 17 千克。

主诉:此犬在 2 周前分娩 7 只幼犬,正处于哺乳阶段,就诊当天下午突然发生流涎、抽搐,医生对病犬检查后发现此犬体温升高至 41.2℃，表现肌肉痉挛、间歇性抽搐、呼吸急促、心率急速，医生立即诊断为产后缺钙。静脉注射 5％氯化钙注射液 50 毫升。肌内注射维生素 D_3 3 000 单位，当氯化钙注射液注射完以后病犬的症状不仅未得到缓解，且发生持续的强直性抽搐。医生立即采集血液，送化验室检查，结果发现血钙、血磷均正常，血糖降低至 1.7 毫摩/升，最后诊断为低糖血症，立即静脉注射 20％葡萄糖注射液 100 毫升。当输入一半药液时，病犬的持续性抽搐转变为间歇性抽搐，且肌肉痉挛的症状也有所缓解，当输液即将结束时，病犬的抽搐症状缓解，肌肉痉挛症状也基本解除。为防止再次发生低血糖症，又继续静脉注射 5％葡萄糖注射液 100 毫升。输液结束后，病犬的精神状态完全恢复。以后病犬口服葡萄糖水，每次 500 毫升，每日 1 次，连用 3 天。通过电话回访，主诉再未发生过低糖血症，病犬饮食、精神状态等完全恢复正常。

【诊疗失误病例分析与讨论】 母犬低糖血症的主要原因是由于胎仔数过多，胎儿迅速发育或分娩后初生仔犬大量哺乳造成母犬营养消耗过多，同时机体对糖代谢的调节功能下降而发病。

母犬低糖血症发病一般较突然，病犬表现体温升高至 41℃～42℃，呼吸加快，脉搏增速。全身呈强直性抽搐或间歇性抽搐，四肢肌肉痉挛，造成不能运动或运动共济失调，反射功能亢进，尿液有酮臭味，酮体反应呈强阳性，血糖值在 40 毫克/分升以下，血液酮体在 30 毫克/分升以上，再结合临床症状即可确诊。

母犬低糖血症与母犬产后缺钙的症状十分相似，但母犬产后缺钙的血钙值低于正常而血糖和尿酮体正常，且母犬低糖血症多见于分娩前后 1 周左右的母犬，而产后缺钙多发生于产后 1～3 周内的母犬。

三、糖尿病误诊为肾炎

糖尿病是由各种原因造成胰岛素相对缺乏或绝对缺乏，以及不同程度的胰岛素抵抗,使体内碳水化合物、脂肪和蛋白质代谢紊乱的内分泌性疾病。中老年犬、猫最易发病。

【病例介绍】 狸花猫,8岁,雌性,体重3.2千克。

主诉:此猫以前较胖,大约2个月前开始逐渐消瘦,带至某动物医院检查后诊断为寄生虫病,但服用驱虫药后也未见好转,进而转院治疗。

经检查,病猫体温39.3℃,形体消瘦,被毛粗乱且无光泽,精神沉郁,低头耷耳,眼睛半闭,反应迟钝,口腔黏膜苍白而干燥,结膜苍白,呼吸间隔时间延长,心跳快但节律齐,肠蠕动音正常,据主人讲此猫多饮、多尿,饮水量非常大,医生根据病猫的症状和主诉内容诊断为肾炎。给予碳酸氢钠注射液6毫升、生理盐水15毫升,静脉注射,每日1次;乳酸林格氏液30毫升、5‰葡萄糖注射液30毫升,静脉注射,每日1次;生理盐水50毫升、氨苄西林钠120毫克,静脉注射,每日1次;同时,口服益肾康和猫的肾脏处方粮。经过2天的治疗,病猫症状不仅未得到缓解,且尿频次数增多,主诉病猫已开始出现呕吐,尿液带有烂苹果味,尿液有黏性且干燥后留有白色印记,用拖布不易擦净。医生检查后发现病猫体温降低至38℃,精神极度沉郁;采集血液送化验室检验,发现血糖值升高至22.9毫摩/升,其他生化项目检测未见明显异常,血常规检测结果无异常。采集尿液送化验室检测,尿糖阳性(+++),最后根据检测结果诊断为糖尿病。

【诊疗失误病例分析与讨论】 导致糖尿病的直接原因是由于胰岛β-细胞产生的胰岛素无法满足新陈代谢所需要的量,当胰脏或中枢神经系统功能紊乱或各种组织有变化时,便会发生胰岛素分泌过少。引起糖尿病的原因很多,如遗传、肥胖、激素异常、胰岛细胞损伤、应激等,临床上多见于营养过剩、动物肥胖而导致胰岛素分泌减少,某些药物与本病发生有密切关系,如糖皮质激素、孕酮等。

糖尿病一般发病缓慢,早期不易发现,其典型症状是"三多一少"，即多饮、多食、多尿和体重减少，病情严重时尿量增加 3～5 倍，尿比重高达 1.060～1.068，尿液和呼出的气体带有特殊的芳香甜味(类似烂苹果味)。进一步发展可见顽固性呕吐和黏液带血性腹泻，尿液呈酸性反应，发生酸中毒，最后陷入糖尿病性昏迷，约有半数病犬早期即出现白内障，逐渐失明，猫很少发生白内障。

糖尿病可根据临床症状并结合检测血糖、尿糖即可做出诊断，但应注意与遗传性肾性尿糖、尿崩症、肾炎、肾上腺皮质功能亢进相鉴别。遗传性肾性尿糖也有多食、多尿和尿糖高等症状，但血糖正常；尿崩症尿比重低，且无尿糖；肾炎触诊肾区有痛感，血糖一般正常，无尿糖，血清生化检测肌酐、尿素氮呈现不同程度的升高；而诊断肾上腺皮质功能亢进症可肌内注射 20 单位促肾上腺皮质激素，根据皮质醇的消失情况来判定。

导致本病例诊疗失误的原因如下：一是由于糖尿病较少见，所以医生在分析病例时，很少考虑本病；二是未进行必要的血清生化检测，若进行生化检测发现病猫血糖升高，血清、尿素氮、肌酐正常，可排除肾炎；三是在误诊的情况下导致误治，在糖尿病的治疗过程中，若未出现低血糖，则不应使用葡萄糖。

四、佝偻病误诊为风湿

佝偻病是幼龄犬、猫软骨骨化障碍，导致发育中的骨钙化不全，骨基质钙盐沉积不足的一种慢性病，宠物虽不如其他动物发病率高，但也时有发生，其中犬发病较多。

【病例介绍】 某犬场饲养 30 多只德国牧羊犬，在某年冬季有 4 只体重 5 千克左右的同窝幼犬相继发生运动功能障碍，表现站立、行动困难，兽医检查后发现犬舍阴暗潮湿，条件极差，诊断为风湿。每只犬给予替泊沙林 35 毫克，口服，每日 2 次；氨苄西林钠 100 毫克、地塞米松 1 毫克，皮下注射，每日 2 次。连续用药 5 天后，病犬病情无明显改观，进而带至某动物医院就诊。

值班医生对病犬逐一检查后发现所有发病病犬体温正常,食欲、排便无异常,触摸四肢关节肿胀,肋骨和肋软骨结合部肿胀呈串珠状,四肢骨骼弯曲;X线检查见骨骼密度降低,骨骺与骨干间隙增宽,关节肿大。在与犬场饲养员沟通后得知,发病的 4 只幼犬一直在犬舍中饲养,未晒过太阳,由于犬价降低,为了降低饲养成本,犬舍的犬一直饲喂玉米面和动物肝脏,一直未补充过电解质。最后根据病犬的饲养条件、症状和检查结果诊断为佝偻病。进而采取如下治疗措施:将病犬移至户外饲养,尽量多晒太阳,皮下注射维丁胶性钙注射液 2 毫升,隔日 1 次,连用 5 次;将饲喂的玉米面和鸡肝改为幼犬犬粮,在犬粮中添加钙磷粉。同时,补充多种维生素粉和微量元素粉,防止出现其他营养代谢病,最后经过治疗,病犬全部恢复正常。

　　【诊疗失误病例分析与讨论】 发生佝偻病的主要原因是食物中维生素 D 缺乏或不足以及钙、磷不足或比例不当。另外,凡影响钙、磷正常吸收的疾病,如甲状旁腺功能异常、胃肠功能障碍等也能引发佝偻病。

　　佝偻病最引人注意的症状是骨骼变形,四肢关节肿胀,肋骨和肋软骨结合部呈串珠状,四肢骨骼弯曲,呈"O"形或"X"形姿势。头骨、鼻骨肿胀,硬腭突出,口裂常闭合不全,肋骨扁平,胸廓狭窄,胸骨舟状凸起而呈鸡胸状,脊柱弯曲变形。病犬精神沉郁,异嗜,喜卧,不愿站立和活动,运动时步样强拘,发育停滞,消瘦,出牙障碍,齿面不整齐,有的出现腹泻和咳嗽,严重的可发生贫血。

　　佝偻病根据病史调查和临床症状不难做出诊断,血清生化检测当犬的血钙浓度在 9 毫克/分升、血磷在 2.5 毫克/分升以下时,即可确诊。本病应注意与传染性多发性关节炎、风湿等病相鉴别,要点是佝偻病的发病过程中体温、脉搏、呼吸无变化,无传染性,肿胀的关节无热、无痛。

五、营养不良低蛋白血症性腹水
误诊为肝硬化腹水

腹水是指腹腔内液体非生理性潴留的状态,它不是一种独立性的疾病,是伴随许多疾病而出现的一种特征。

【病例介绍】 博美犬,8月龄,雌性,体重5千克。

犬主李某饲养一只博美犬,近一段时间由于腹围增大,带至动物医院就诊。主诉:此犬近15天腹围逐渐增大,饮食、排便均正常。值班医生对病犬检查后发现病犬腹围增大,腹壁紧张呈桶状,触摸腹部无痛感,在一侧冲击腹壁,可在对侧腹壁感到波动,可听到拍水音;病犬形体消瘦,精神沉郁,运动不耐受,行动迟缓,心音亢进,心率快、节律齐,四肢和腹下轻微水肿。医生根据病犬的症状诊断为肝腹水,并采取以下治疗措施:在腹壁的最低点选择穿刺部位,对穿刺部位剃毛、消毒,放置穿刺针,放出腹水总量的1/3左右,隔日放1次,连放3次,将腹水基本全部放出。同时,口服洋地黄片0.2克,每日2次;皮下注射呋塞米20毫克,每日1次;10%葡萄糖注射液60毫升、强力宁5毫升,静脉注射,每日1次;肌内注射促肝细胞生长素10毫克,每日1次;肌内注射复合维生素B注射液1毫升,每日1次。经连续5天用药治疗后病犬病情好转,告知主人病犬可以出院,回家口服肌苷片、维生素C、复合维生素B族粉。

2周后犬主再次带犬至动物医院就诊,主诉病犬出院后状态一直良好,饮食、排便也正常,按时口服用药,近几天病犬再次发生腹围增大,四肢和腹下再次出现水肿。医生对病犬检查后,发现病犬的临床症状和上次就诊时完全一样。在与犬主沟通时得知,病犬平时的饲养条件较差,只饲喂玉米面,基本不喂肉类等高蛋白质食物。医生对病犬采集血液、粪便送化验室进行检测,发现血清总蛋白降低至32克/升,白蛋白降低至13克/升,其他检测项目均正常,粪便检测未发现寄生虫卵;血常规检查红细胞数量降低至 4.1×10^{12}/升,血红蛋白降至 87 克/升,白细胞总数和分类计数未见异常;腹腔穿刺采集腹水做实验室检查,腹水无色清亮呈水样,蛋白为 11 克/升,含有少量有核细胞;B 超检查肝脏、肾脏均无异常。最后诊断为营养不良低蛋白血症性腹水。随后采取如下治疗措施:穿刺放出腹水;口服洋地黄片 0.2 克,每日 2 次;皮下注射呋塞米 20 毫克,每日 1 次;5%葡萄糖注射液 60 毫升、犬血白蛋白 10毫升,静脉注射,每日 1 次;皮下注射复合维生素 B 注射液 1 毫升,每日 1 次。同时,改换食物,给予高蛋白质的犬粮、肉类、动物肝脏等。经治疗和改善饲喂方法,病犬最后康复,再未发生过腹水。

【诊疗失误病例分析与讨论】 引起腹水的原因很多,主要是因血液和淋巴液的回流发生障碍所致,通常继发引起门静脉淤血的某些疾病,如肝硬化、肿瘤、门静脉栓塞和寄生虫病、肾脏疾病等,都可引起腹水。严重的营养不良,血液中蛋白质含量过低,胶体渗透压低时,重症的肝炎、胰腺炎和腹膜炎等也可引起腹水。

腹水可根据视诊、触诊、腹腔穿刺和影像学检查做出确诊,临床上应寻找引起腹水的原发病,根除引发腹水的原因,才是治疗腹水的根本方法。

第十二章　中毒病诊疗失误病例分析

一、用药失误导致猫对乙酰氨基酚中毒

对乙酰氨基酚即扑热息痛,是常用的感冒治疗用药,具有解热镇痛作用,口服吸收迅速,0.5～2小时血药浓度达峰值,血浆蛋白结合率25%～50%。90%～95%在肝脏代谢,主要以与葡萄糖醛酸化合物结合的形式从肾脏排泄,其余部分与硫酸盐、谷胱甘肽结合后失去毒性。可是,由于犬、猫体内缺乏葡萄糖醛酸化合物,而且猫体内的硫酸盐与对乙酰氨基酚结合力较低,因此临床上一旦使用过量或误服,极易导致中毒。

【病例介绍】　波斯猫,3岁,雌性,体重4.2千克。

猫主李某带猫至某动物医院进行绝育手术,术后第二天复诊时猫体温升高至40.2℃,医生除了给病猫使用抗炎药外,还给病猫喂了半片扑热息痛,到晚上时病猫体温仍高达39.7℃,医生再次给猫喂服半片扑热息痛,猫主将猫带回家后发现病猫出现面部水肿、流涎,进而转院治疗。

猫主将病猫带至转诊动物医院后,将病猫的病情向转诊医生进行了介绍,转诊医生对病猫进行检查,经检查后发现病猫体温降至37.8℃,心率每分钟160次左右,呼吸每分钟50次左右,面部水肿,流涎,无食欲,眼结膜发绀,精神委靡不振;血常规检查发现白细胞总数为18.9×10^9/升,淋巴细胞总数为2.05×10^9/升,单核细胞总数为1.05×10^9/升,粒细胞总数为15.8×10^9/升,红细胞为3.7×10^{12}/升,血液涂片姬姆萨氏染色后显微镜下观察可见海恩茨氏小体,血红蛋白为86克/升;血清生化检测血清总蛋白为62克/升,白蛋白为27克/升,丙氨酸氨基转移酶207单位/升,天

门冬氨酸氨基转移酶为 81 单位/升,碱性磷酸酶为 537 单位/升,总胆红素为 12 微摩/升。转诊医生根据病猫的扑热息痛饲喂史、临床症状和检查结果最后诊断为对乙酰胺基酚中毒,并确定以下治疗原则:立即停止饲喂对乙酰氨基酚,催吐,同时给予特效解毒剂和支持治疗:补充营养,并配合强心剂,给予适当抗生素。具体治疗方法为:给予乙酰半胱氨酸 800 毫克,口服,每日 1 次;樟脑 0.2 毫升,皮下注射;复方氯化钠注射液 40 毫升、三磷酸腺苷 10 毫克、辅酶 A 50 单位、维生素 C 100 毫克,静脉注射,每日 1 次;5%碳酸氢钠注射液 10 毫升、生理盐水 20 毫升,静脉注射,每日 1 次;10%葡萄糖注射液 40 毫升、甘草酸单铵 5 毫升,静脉注射,每日 1 次;复合维生素 B 注射液 0.7 毫升,皮下注射,每日 1 次;阿莫西林克拉维酸钾 100 毫克,皮下注射,每日 1 次。经连续 3 天用药,病猫病情得到控制,食欲、饮水有所好转,又用药治疗 2 天后病猫状态基本恢复正常。

【诊疗失误病例分析与讨论】 导致本病例诊疗失误的原因主要是由于初诊动物医院医生对药物的理化性质不了解而给猫误服对乙酰氨基酚,该药经胃肠道吸收后,需与葡萄糖醛酸化合物、硫酸盐、谷胱甘肽结合后才能失去毒性,猫体内由于缺乏葡萄糖醛酸化合物,且体内硫酸盐与对乙酰氨基酚结合力较低,因此容易发生中毒。对乙酰氨基酚的有毒代谢产物对肝脏造成严重的氧化应激,二价铁离子被氧化成三价铁离子,血红蛋白转变为高铁血红蛋白而失去携氧能力,血红蛋白在氧化过程中由于形成二硫键析出,出现海恩茨氏小体,海恩茨氏小体被肝脏、脾脏的巨噬细胞吞噬,引起红细胞表面积减少,生命周期缩短。

对乙酰氨基酚中毒的急性病例通过临床症状和对乙酰氨基酚饲喂史即可确诊,对于症状不明显的可结合血常规和血清生化检测等实验室方法进行确诊,由于对乙酰氨基酚中毒时对猫的肝脏和肾脏均造成一定的损伤,所以治疗时在给予特效解毒药乙酰半胱氨酸的同时还要注意肝、肾的保护和治疗,在治疗的同时加强自身抵抗力有助于患病动物康复。

二、用药失误导致犬伊维菌素中毒

伊维菌素是阿佛曼链霉素发酵产生的半合成大环内酯类抗寄生虫药物,对体内外寄生虫特别是某些线虫和节肢动物具有良好的驱杀作用。药物通过与线虫和节肢动物神经细胞或肌肉细胞中谷氨酸为阀门的氯离子通道的高亲和力结合,导致细胞膜对氯离子通透性增加,使虫体抑制性递质 γ-氨基丁酸的释放随之增加。γ-氨基丁酸能作用于突触前神经末梢,引起神经细胞或肌肉细胞的超极化,减少兴奋性递质释放,从而阻断神经信号传递,使肌细胞失去收缩能力,进而导致虫体神经麻痹而死亡。哺乳动物的外周神经递质为乙酰胆碱,γ-氨基能神经元仅出现于中枢神经系统内,而伊维菌素不易通过血脑屏障,所以哺乳动物不易受影响,但临床中由于使用剂量的不合理以及某些品种如柯利血统犬,由于自身基因突变等因素导致时有中毒发生。

【病例介绍】 苏格兰牧羊犬,4 月龄,雄性,体重 12 千克。

犬主杨某到动物医院购买驱虫药,医院医生问过家中所养犬只的体重后,立即给开 1 片 5 毫克的伊维菌素片剂,告知犬主回家口服即可。犬主回家当日将驱虫药给犬饲喂,饲喂当日犬只未发生任何反应,在饲喂驱虫药的第二天,犬只出现精神不振、厌食、不愿行走,在饲喂驱虫药的第三天,犬只出现四肢无力,全身表现震颤性痉挛,流涎,舌垂于口外难以缩回,呼吸快而浅表,犬主将犬带至购买驱虫药的动物医院就诊,医生看到病犬是一只苏格兰牧羊犬,回想起曾给犬主开过伊维菌素片剂,经与犬主沟通后得知,病犬是在饲喂伊维菌素后发病,综合病犬的临床症状,诊断为伊维菌素中毒。于是采取如下治疗措施:给予强心安钠 0.1 克,皮下注射,每日 2 次;复方氯化钠注射液 80 毫升、5%葡萄糖注射液 80 毫升,静脉注射,每日 2 次;5%糖盐水 100 毫升、维生素 C 100 毫克、三磷酸腺苷 10 毫克、辅酶 A 50 单位，静脉注射，每日 2 次；强力解毒敏 2 毫升，皮下注射，每日 2 次；复合维生素 B 注射液 1 毫升，皮下注射，每日 1 次；氨苄西林钠 400 毫克、地塞米松 1 毫克，皮下注射，每日 2 次；阿托品 0.36 毫克，皮下注射，每日 2 次。经 5 天治疗后，病犬状态有所好转，能吃少量食物，又连续用药治疗 2 天后，病犬精神状态基本恢复至病前状态。

【诊疗失误病例分析与讨论】 多数柯利血统犬具有多元抗药性基因多元抗药性突变。该基因编码 P-糖蛋白，P-糖蛋白具有从脑中泵出多种药物和毒素的作用。具有多元抗药性基因突变的犬不能合成 P-糖蛋白，无法将药物泵出脑，导致伊维菌素在脑部蓄积，从而引起神经学异常。主要临床症状是精神委顿，食欲废绝，四肢无力，不愿行走，步态蹒跚，继而出现神经症状，全身表现震颤性痉挛，流涎，舌垂于口外难以缩回，呼吸快而浅表，心律快而失常。触摸口、鼻、耳、四肢末端发凉，听觉、痛觉迟钝，最后全身瘫软，处于休克状态。诊断可通过临床症状、用药时间和宠物主人提供的使用剂量等确诊。伊维菌素中毒无特效解毒药，可采用兴奋中枢神经、强心、排毒、解痉、恢复肌张力等一般解毒措施。中毒较轻的可灌服 5% 葡萄糖、维生素 C、复合维生素 B 混合溶液，中毒较重的可静脉注射 5% 葡萄糖注射液、生理盐水、维生素 C、三磷酸腺苷、辅酶 A、强心安钠、葡萄糖酸钙注射液等，同时肌内注射维生素 B 注射液等，对出现神经症状的可用苯巴比妥钠或速眠新注射液镇静。

导致本病例诊疗失误的主要原因是动物医院医生在售卖药品时，收集资料不全，只是简单询问驱虫犬只的体重，忽略犬只的品种、年龄、性别，是否妊娠、哺乳和体况等，在药品售出后也未告知犬主在使用药品时的方法、注意事项、禁忌等，故而导致用药错误引起犬只中毒。

三、用药失误导致阿托品中毒

阿托品为 M 胆碱受体阻断药,兽医临床主要用作解痉剂和散瞳剂,常用制剂有硫酸阿托品和氢溴酸后阿托品等。阿托品中毒主要是由于治疗时应用药物剂量过大或连续多次给药而引起,有些过敏体质动物用治疗量亦可引发中毒。

【病例介绍】 土种犬,6 月龄,雄性,体重 10 千克。

张某饲养的一只看家犬由于呕吐、腹泻,随便在家附近找了一名兽医诊治,兽医到张某家后看到病犬的症状立即诊断为肠炎,给病犬注射 1 支(50 毫克/5 毫升)的阿托品和 8 万单位/2 毫升的庆大霉素,注射后不到 15 分钟,病犬出现中毒症状,该兽医无法处理,立即带到一家动物医院进行救治。

病犬到达动物医院时表现口腔干燥、呼吸困难、瞳孔散大、兴奋不安、肌肉震颤、躺卧不起,听诊肠音减弱,心音和呼吸加快,动物医院值班医生根据病犬的用药史和用药剂量以及病犬所表现的症状诊断为阿托品中毒。给予新斯的明 1 毫克,皮下注射;强力解毒敏 3 毫升,皮下注射;10% 葡萄糖注射液 300 毫升、维生素 C 0.25 克,静脉注射;复合维生素 B 注射液 2 毫升,皮下注射。同时,将病犬放在通风良好,并相对安静的环境中,减少外界的刺激。通过以上抢救措施,病犬逐渐恢复正常。第二天电话回访时,犬主告知病犬中毒症状已完全解除。

【诊疗失误病例分析与讨论】 阿托品类药物中毒可根据患病动物有超量或连续使用阿托品类药物及过敏病史,临床可见先兴奋后麻痹,瞳孔散大,腺体分泌减少,胃肠麻痹、膨胀等症状做出确诊,必要时可做猫眼散瞳试验加以验证。

本病例是由于兽医超大剂量使用阿托品而造成的中毒病,如不及时治疗,就会造成死亡。阿托品是 M 胆碱受体阻断药,有解除平滑肌痉挛、抑制腺体分泌、散瞳、升高眼压、加快心率和扩张支气管等作用,临床上常用于治疗各种内脏绞痛和有机磷脂类中毒。过量使用阿托品会产生口干、心率加速、呼吸困难、喘气、口舌发紫、瞳孔扩大、视物模糊等症状,开始中枢兴奋,然后转入抑制,产生昏迷,最后因呼吸麻痹而死亡。新斯的明为拟胆碱药,能激活胆碱受体,从而对抗阿托品的阻滞作用,使中毒症状得到缓解。在治疗中使用维生素和葡萄糖,可增强机体抵抗力,加快受损细胞恢复,起到一定的辅助治疗作用。同时,使用一些解毒保肝及对症治疗的措施,也可获得较好的治疗作用。

阿托品在临床上经常应用,但一定要对症用药,并正确掌握使用剂量,不要盲目加大剂量,否则就会造成动物中毒死亡,这一点,应当引起兽医临床工作者的注意,使用时必须慎重。

四、用药失误导致喹诺酮类药物损害幼犬

喹诺酮类药物是作用于细菌的脱氧核糖核酸,从而对细菌染色体造成不可逆转性损害的一类药物。因该类药物结构和作用机制不同,故与抗生素之间无交叉耐药性。主要作用于革兰氏阴性菌,革兰氏阳性菌除金黄色葡萄球菌外,对其他菌株作用较弱。常用喹诺酮类药物有吡哌酸、诺氟沙星、氧氟沙星和环丙沙星等。

喹诺酮类药物的不良反应包括诱发癫痫、影响软骨发育、胃肠道反应如呕吐和恶心等,长期、大量使用可致肝脏损害,有时有皮疹等变态反应。这些不良反应在兽医工作中很容易被忽视,有时出现超量应用而对患病动物造成损害。

【病例介绍】

病例1:松狮犬,3月龄,雄性,体重6千克。该犬就诊时四肢无法站立,匍匐于地面而无法行走。主诉此犬几天前打喷嚏,咳嗽,流鼻液,带犬至附近的一家动物医院就诊,医生诊断为感冒。给病犬静脉注射左氧氟沙星,每日1次,每次0.3克,连用2天。用药后第二天病犬后肢行走无力,第三天时后肢不能站立,静脉注

射用药期间曾出现 2 次呕吐反应。经检查病犬体温 39.1℃,呼吸 35 次/分,心率 130 次/分,可视黏膜颜色正常,按压全身无明显痛感,针刺四肢末梢有明显反射。医生根据病犬的症状和用药史诊断为喹诺酮类药物导致神经和关节损害。给予强力解毒敏 2 毫升,皮下注射,每日 2 次;10% 葡萄糖注射液 100 毫升、维生素 C 0.25 克,静脉注射,每日 2 次;复合维生素 B 注射液 1 毫升,皮下注射,每日 2 次。同时,配合针灸治疗。2 天后,病犬可在外力支撑作用下站立,3 天后可自行站立,勉强行走 1~2 米,停止用药改为单纯使用针灸治疗 4 天后,病犬行走恢复正常。

病例 2:某动物医院接诊一只 70 日龄雌性藏獒,就诊时两后肢不能站立,仅用两前肢支撑行走。主诉近期未见明显异常,前一天走路摇摆,当天早晨抱出笼子时发现其后肢不能站立。经检查,双后肢针刺有反应,血常规检查无异常,X 线检查腰椎、髋关节和后肢骨骼均未发现异常。在医生再三追问下,犬主告知 1 周前由于病犬咳嗽,带病犬至一家动物医院就诊。值班医生开给诺氟沙星片剂口服,每次 3 粒,每日 2 次,连续用药 3 天,随后皮下注射恩诺沙星,每次 2 毫升,连续使用 2 天,病犬咳嗽症状消失,但随后出现后肢不能站立。据此,医生诊断为喹诺酮类药物使用过量。治疗方法同病例 1,连续治疗 6 天后病犬症状减轻,停止用药,继续用针灸治疗 7 天后,该犬行走正常,康复出院。

【诊疗失误病例分析与讨论】 喹诺酮类药物使用失误多是由于兽医人员缺乏用药常识,超量使用所致。有些幼龄动物长时间使用或给妊娠、哺乳期动物使用后导致幼龄动物关节病变,甚至出现骨骼畸形和神经症状,往往临床治愈率较低,甚至出现死亡。所以,在兽医临床上,对于幼龄和妊娠、哺乳期动物应慎重使用喹诺酮类药物,必须使用时,应严格控制药物的使用时间和使用剂量。

在治疗上,一要及时施行急救处置,进行催吐、洗胃;二要应用抗组胺药苯海拉明或扑尔敏;三要采用兴奋中枢神经、强心、排毒、解痉、恢复肌肉张力等措施。

五、用药失误导致猫氨基糖苷类药物中毒

氨基糖苷类药物是由氨基糖与氨基环醇通过氧桥连接而成的苷类抗生素,包括来自链霉菌的链霉素和来自小单胞菌的庆大霉素等天然氨基糖苷类药物,还有阿米卡星等半合成氨基糖苷类药物。虽然大多数抑制微生物蛋白质合成的抗生素为抑制药,但氨基糖苷类药物可引起杀菌作用,属静止期杀菌药。

氨基糖苷类药物对于细菌的作用主要是抑制细菌蛋白质的合成,作用点在 30S 核糖体亚单位的 16SrRNA 解码区的 A 部位。此类药物可影响细菌蛋白质合成的全过程,妨碍初始复合物的合成,诱导细菌合成错误蛋白质以及阻抑已合成蛋白质的释放,从而导致细菌死亡。氨基糖苷类药物在敏感菌体内的蓄积是通过一系列复杂的步骤来完成的,包括需氧条件下的主动转运系统,故此类药物对厌氧菌无效。

本类药物若在临床上应用不当,常使犬、猫发生不良反应和中毒。

【病例介绍】 狸花猫,8 岁,雌性,体重 3.3 千克。

该猫由于腹泻在一家动物诊所治疗 1 周左右,初期治疗时病猫状态有所好转,当治疗至第六天时病猫出现呕吐、不食、排尿量减少,且尿色赤黄,李某带猫转院治疗。转诊医院值班医生检查后发现病猫体温 39.6℃,眼窝深陷,结膜发绀,心率加快,便味腥臭,精神委靡,呼吸急促,触摸肾脏肿大;血常规检查白细胞总数升高至 23.2×10^9/升,粒细胞总数升高至 19.7×10^9/升;猫瘟病毒检测阴性;粪便虫卵检查未发现虫卵;血清生化检测碱性磷酸酶、丙氨酸氨基转移酶和天门冬氨酸氨基转移酶均正常,尿素氮升高至 17.6 毫摩/升,肌酐升高至 230 微摩/升,血钙正常,血磷升高至 2.6 毫摩/升。医生根据病猫的临床症状和各项检查结果,综合分析后诊断为急性肾衰。

医生通过与猫主沟通得知此猫发病期间一直在家附近的动物诊所进行治疗,经查询病历得知具体用药,庆大霉素8万单位,皮下注射,每日2次,已连续用药6天,属超剂量长时间用药,根据病猫的用药史诊断为氨基糖苷类药物中毒导致的急性肾衰,此病猫后来由于病情严重,猫主要求对其实施安乐死。

【诊疗失误病例分析与讨论】 氨基糖苷类药物主要以原形由肾脏排泄,并可通过细胞膜吞噬作用使药物大量蓄积在肾皮质,故可引起肾毒性。轻则引起肾小管肿胀,重则产生肾小管急性坏死,但一般不损伤肾小球。肾毒性通常表现为蛋白尿、管型尿和血尿等,严重时可产生氮质血症和导致肾功能减退。肾功能减退又可使氨基糖苷类药物血浆浓度升高,这又进一步加重了肾功能的损伤。

氨基糖苷类药物中毒的诊断可根据动物有应用氨基糖苷类药物治疗史和变态史,临床见有过敏性休克、耳毒性、肾毒性、神经肌肉接头阻滞、消化和血液循环系统等的中毒体征,即可确诊。

氨基糖苷类药物中毒的治疗,首先应立即停药,轻度过敏反应停药后即可自愈,严重过敏或发生休克时,必须抢救,可皮下或肌内注射0.1%盐酸肾上腺素,犬0.1～0.5毫克/次,猫0.1～0.2毫克/次,或以10倍剂量生理盐水稀释后静脉注射。也可在5%葡萄糖注射液中加入氢化可的松,犬5～20毫克/次,猫1～5毫克/次,或加地塞米松磷酸钠,犬0.25～1毫克/次,猫0.1～0.5毫克/次,缓慢滴注。血压下降时,用酒石酸去甲肾上腺素,犬2～10毫克/次,溶于生理盐水缓慢静脉滴注。严重病例需及时补液、吸氧、人工呼吸或按压心脏。为减轻中毒反应,可给予硫代硫酸钠或康得灵。为治疗听神经功能障碍,可用利多卡因、卡马西平、5%碳酸氢钠溶液、胞磷胆碱、乙酰谷氨酸等。

对发生神经肌肉阻滞的犬,可皮下注射或肌内注射新斯的明0.25～1毫克/次,每隔30分钟使用1次,直至呼吸恢复为止;缓慢静脉注射葡萄糖酸钙或氯化钙注射液,必要时要给病犬吸氧或做人工呼吸。

根据病情,可给予神经营养药、抗贫血药、止血药、无毒或低毒的其他种类的抗生素,必要时补钾输血。

六、黄曲霉毒素中毒误诊为食盐中毒

黄曲霉毒素中毒是动物采食了被黄曲霉或寄生曲霉污染并产生毒素的饲料所引起的一种急性或慢性中毒。黄曲霉毒素是黄曲霉菌的代谢产物,至今已发现20余种,可分为 B_1 和 G_1 两大类,两者化学结构相似,均为二呋喃香豆素的衍生物,易溶于多种有机溶剂,不溶于水,耐高温,毒性以 B_1 最强,G_1 次之,B_2 和 G_2 较弱,通常所称黄曲霉毒素是指 B_1 而言。犬、猫对黄曲霉毒素高度敏感,LD_{50} $0.5\sim1$ 克/千克体重。

【病例介绍】 某犬场饲养 10 多只繁殖用金毛母犬,平时饲养员主要利用玉米面和泔水饲喂,某日早上发现个别母犬出现精神不振、步态不稳、不食,有的出现呕吐、腹泻,时而饮水、时而啃咬墙皮和泥土,发病犬体温变化不大,进而请兽医到犬场出诊。兽医看到病犬的症状后,当即诊断为食盐中毒,理由是症状类似食盐中毒,推断可能是泔水中含盐量过高所致。给病犬静脉注射 5‰葡萄糖注射液,皮下注射阿托品,但治疗无效果。第二天早上饲养员发现已有 2 只病犬死亡,且又有 3 只犬发病,其他发病的病犬病情恶化。犬场场长邀请某农业大学动物医学专业教授 2 人会诊。此时病犬临床症状为食欲废绝,黏膜苍白,个别病犬出现黏膜黄染,后腿走路无力,站立不稳,有的病犬粪便干燥,有的病犬出现腹泻,且夹带有血便,肌肉颤抖。死亡犬只剖检见胸腔和腹腔内有大量出血,后腿、前肩皮下和腹部皮下都能见到出血,肠道、肝脏表面和心内膜均有不同程度的出血,经沟通得知饲养员在发病的 3 天前饲喂了犬场贮存的不能食用的且已发霉变质的玉米面。鉴于上述情况,综合分析后诊断为黄曲霉毒素中毒。每只病犬灌服 50 万单位制霉菌素 4 片,每日 2 次;10%葡萄糖注射液 300 毫升、肌苷 50毫克、辅酶 A 200 单位、三磷酸腺苷 20 毫克、维生素 C 0.5 克,静脉注射,每日 2 次;复合维生素 B 注射液 2 毫升,皮下注射,每日 1次;恩诺沙星 100 毫克,皮下注射,每日 2 次;强力解毒敏 2 毫升,皮下注射,每日 2 次。用药治疗 5 天后,存活的病犬均已恢复食欲,排便正常,精神状态基本正常,用药 1 周后停药,存活病犬全部康复。

【诊疗失误病例分析与讨论】 玉米、黄豆、小麦及其副产品应该说是饲喂动物的良好食物,然而这些食物易污染黄曲霉菌。实践证明,在 24℃～30℃的适宜温度下、空气相对湿度为 80%以上时,较适宜黄曲霉大量繁殖并产生毒素,通常在饲喂动物后 50 小时左右即可发生中毒。根据犬场饲养员在犬只发病前饲喂过发霉的玉米面、犬只发病的症状以及死亡犬只剖检的病理变化足以诊断为黄曲霉毒素中毒。而先前兽医做出食盐中毒的诊断显然是错误的。首先,犬场的确长时间饲喂饭店泔水,但喂的是稀料,每次饲喂前都要在泔水中加几倍量的自来水和玉米面,这就说明饲喂的食物中含盐量并不是很高。其次,发病犬只没有严重的口渴现象和食盐中毒时典型的神经症状。再则,从病理变化来看,不存在尸僵不全和血液凝固不良,且肝脏、胆囊、肾脏、淋巴结均无肿大,可以说诊断为食盐中毒,既无理论依据,又无事实根据。

目前对黄曲霉毒素中毒暂无特效解毒剂,可采用给予泻药、静脉放血、补糖等对症疗法,采取解毒、保肝、止血措施。平时要加强对饲喂食物的管理,经常翻晾,饲料房要保持通风,地面要干燥,防止漏雨受潮,对霉变的食物应做废弃处理。

七、洋葱中毒误诊为肝炎

洋葱是刺激性强的食物,犬采食后会刺激胃肠道,引起炎症反应,特别是洋葱中的有毒成分 N-丙基二硫化物或硫化丙烯,可使血红蛋白氧化成海恩茨氏小体,网状内皮系统大量吞噬含有海恩茨氏小体的红细胞,引起急性溶血性贫血,临床症状表现为血红蛋白尿、呕吐、腹泻、精神沉郁、心悸等。

【病例介绍】 巴哥犬,3 岁,雌性,体重 7.6 千克。

主诉:此犬发病 2 天,病前食欲、排便均正常,病后精神不振,嗜睡,偶尔呕吐,食欲不振,排尿色黄。经检查后发现,病犬体温达 40.2℃,鼻镜干燥,精神委靡不振,可视黏膜黄染,心搏增快,呼吸急促,肠蠕动音增强,测量体温后病犬排出一摊水样稀便;血常规检查发现白细胞总数升高至 $19.6×10^9$/升,粒细胞总数升高至 $16.3×10^9$/升,红细胞总数降低到 $3.4×10^{12}$/升,血红蛋白降低到 90 克/升;X 线检查肝脏、肾脏形态无异常,尿路无结石显影;血清生化检查碱性磷酸酶升高至 360 单位/升,丙氨酸氨基转移酶升高至 146 单位/升,天门冬氨酸氨基转移酶升高至 67 单位/升,总胆红素升高 21 微摩/升,尿素氮、肌酐、血钙、血磷、总蛋白、白蛋白、血糖的检测值均在正常范围内。医生根据病犬的临床症状和检查结果诊断为肝炎,进而按肝炎用药治疗,治疗 2 天后,病犬症状不仅未得到缓解,且病情有所加重,犬主带犬转院治疗。

转诊医生听过主诉后,对病犬检查,发现病犬皮肤和可视黏膜黄染,进一步询问得知该犬发病前一天晚上喂过半盘洋葱炒肉,采集血液涂片,应用姬姆萨氏染色在显微镜下观察到海恩茨氏小体,突出于红细胞并分布于红细胞表面或以小球状游离,也可见破碎的红细胞,上下调节显微镜焦距,可发现海恩茨氏小体里无色,具有一定的屈光性。采集病犬尿液 2 毫升静置 5 分钟观察,尿液由正常的微黄色清亮透明状变为浑浊且呈暗红色,尿比重增加到 1.080,尿沉渣检查可观察到大量破碎的红细胞、少量白细胞和肾上皮细胞、膀胱上皮细胞。最后根据问诊内容、病犬临床症状和检查结果诊断为洋葱中毒。给予复方氯化钠注射液 80 毫升、三磷酸腺苷 10 毫克、辅酶 A 100 单位、维生素 C 100 毫克,静脉注射,每日 1 次;5%葡萄糖注射液 100 毫升、犬源血浆 60 毫升、地塞米松

1毫克,静脉注射,每日1次;碳酸氢钠注射液15毫升、生理盐水30毫升,静脉注射,每日1次;复合维生素B注射液1毫升,皮下注射,每日1次;阿莫西林克拉维酸钾200毫克,皮下注射,每日1次;亚硒酸钠-维生素E 100毫克,口服,每日1次。用以上治疗方案治疗3天后,病犬身体逐渐恢复转为正常。

【诊疗失误病例分析与讨论】 洋葱中毒发病急、死亡快,在临床上极易与肝炎,泌尿系统出血性疾病等混淆,在临床诊断时要注意区分;肝炎是肝脏实质细胞出现不同程度的急性弥漫性病变、坏死和炎性细胞浸润的肝脏疾病。临床上以黄疸、急性消化不良以及出现神经症状为特征;出血性膀胱炎在临床上不仅排红色尿液,而且触诊下腹部疼痛、敏感,血尿出现在尿的末尾,且尿液有氨臭味等,而洋葱中毒却无此症状。

本病可根据病犬有吃洋葱的病史和典型的临床症状(血红蛋白尿)做出确诊,必要时可结合血液学检查、血清生化检查和尿液检查结果帮助诊断,但是由于中毒程度和中毒后的测定时间不同,被测定的指标会有一定差异。另外,红细胞溶血会干扰血液生化指标和一些尿液指标的检测,苯唑卡因、对氨基苯酸乙酯也可以引起海恩茨氏小体性贫血,临床上应引起兽医注意。

附表一　犬、猫体温、脉搏、呼吸、血压参考值

项　目		幼　犬	成年犬	猫
体温(℃)		38.5～39	38～39	38～39.5
脉搏(次/分)		80～120	60～80	110～130
呼吸(次/分)		12～28	12～28	16～32
动脉血压	最高压(帕)	18665～22665	18665～22665	20665
	最低压(帕)	4000～9333	4000～9333	13332
血液总量占体重(%)		5.6～13	5.6～13	4.7～9.6

附表二 犬、猫血常规检测参考值

项　目	犬	猫
白细胞（WBC）	$6\sim16.9\times10^9$/升	$5\sim18.9\times10^9$/升
中性粒细胞（NEU）	$60\%\sim77\%$ $2.8\sim10.5\times10^9$/升	$35\%\sim75\%$ $2.5\sim12.5\times10^9$/升
中性分叶核粒细胞（Seg NEU）	$60\%\sim77\%$ $3\sim11.4\times10^9$/升	$35\%\sim75\%$ $2.5\sim12.5\times10^9$/升
中性杆状核粒细胞（Band NEU）	$0\sim3\%$ $0\sim0.3\times10^9$/升	$0\sim3\%$ $0\sim0.3\times10^9$/升
淋巴细胞（LYM）	$12\%\sim30\%$ $1.1\sim6.3\times10^9$/升	$20\%\sim55\%$ $1.5\sim7.8\times10^9$/升
单核细胞（MONO）	$3\%\sim10\%$ $0.15\sim1.35\times10^9$/升	$0\sim4\%$ $0\sim0.85\times10^9$/升
嗜酸性粒细胞（EOS）	$2\%\sim10\%$ $0.1\sim1.25\times10^9$/升	$0\sim12\%$ $0\sim1.5\times10^9$/升
嗜碱性粒细胞数（BASO）	0 0	0 0
未着色大细胞（LUC）	$2\%\sim9\%$ $0.26\sim2.09\times10^9$/升	无资料 无资料
红细胞（RBC）	$5.5\sim8.5\times10^{12}$/升	$5\sim10\times10^{12}$/升
血红蛋白（HGB）	120～180 克/升	80～150 克/升
血红蛋白分布宽度（HDW）	16～27 克/升	18.9～27.3 克/升
血细胞比容（HCT）	0.37～0.55 升/升	0.24～0.45 升/升
网织红细胞（RETIC）	$0\sim1.5\%$	$0\sim1\%$
平均红细胞容积（MCV）	60～77 飞升	39～55 飞升
平均红细胞血红蛋白（MCH）	19.5～24.5 皮克	13～17 皮克

续附表二

项　目	犬	猫
平均红细胞血红蛋白浓度（MCHC）	300～369 克/升	300～369 克/升
红细胞体积分布宽度变异系数 （RDW-CV）	12%～21%	14%～20%
红细胞体积分布宽度标准差 （RDW-SD）	26～44 飞升	无资料
血小板（PLT）	175～500×10^9/升	175～500×10^9/升
血小板比容（PCT）	0.1～0.3	无资料
平均血小板容积（MPV）	6.7～11.1 飞升	7.5～15 飞升
血小板体积分布宽度标准差 （PDW-SD）	9～17 飞升	无资料
大血小板比率（P-LCR）	14%～41%	无资料
血浆蛋白质（PP）	53～84.5 克/升	58～91.5 克/升
纤维蛋白原（FIB）	1～2.5 克/升	1～2.5 克/升

附表三 犬、猫血清生化检测参考值

项 目	单位	参考范围					
		犬			猫		
		小于6月龄	成 年	大于8岁	小于6月龄	成 年	大于8岁
丙氨酸氨基转移酶（ALT）	单位/升	8～75	10～100	10～100	12～115	12～130	12～130
碱性磷酸酶（ALKP）	单位/升	46～337	23～212	23～212	14～192	14～111	14～111
天门冬氨酸氨基转移酶（AST）	单位/升	0～50	0～50	0～50	0～32	0～48	0～48
γ-谷氨酰转肽酶（GGT）	单位/升	0～2	0～7	0～7	0～1	0～1	0～1
总胆红素（TBIL）	微摩/升	0～14	0～15	0～15	0～15	0～15	0～15
血清总蛋白(TP)	克/升	48～72	52～82	52～82	52～82	57～89	57～89
白蛋白（ALB）	克/升	21～36	23～40	22～39	22～39	22～40	23～39
球蛋白（GLOB）	克/升	23～38	25～45	25～45	28～—48	28～51	28～51
血氨（NH_3）	微摩/升	0～99	00～98	0～98	0～95	0～95	0～95

续附表三

项 目	单 位	参考范围					
		犬			猫		
		小于6月龄	成 年	大于8岁	小于6月龄	成 年	大于8岁
血糖 (GLU)	毫摩/升	4.28~8.33	4.11~7.94	3.89~7.94	4.28~8	4.11~8.83	3.94~8.83
胆固醇 (CHOL)	毫摩/升	2.58~10.34	2.84~8.27	2.84~8.27	1.6~4.94	1.68~5.81	1.68~5.81
尿素 (UREA)	毫摩/升	2.5~10.4	2.5~9.6	2.5~9.6	5.7~11.8	5.7~12.9	5.7~12.9
肌酐 (CREA)	微摩/升	27~106	44~159	44~159	53~141	71~212	71~212
血钙 (Ca)	毫摩/升	1.95~3.15	1.98~3	1.98~3	1.98~2.83	1.98~2.83	1.98~2.83
血磷 (PHOS)	毫摩/升	1.65~3.35	0.81~2.19	0.81~2.19	1.45~3.35	1~2.42	1~2.42
血镁 (毫克)	毫摩/升	0.5~0.85	0.58~0.99	0.58~0.99	0.67~0.93	0.62~1.25	0.62~1.25
肌酸激酶(CK)	单位/升	99~436	10~200	10~200	0~394	0~314	0~314
乳酸脱氢酶 (LDH)	单位/升	0~273	40~400	40~400	0~1128	0~798	0~798
淀粉酶 (AMYL)	单位/升	300~1300	500~1500	500~1500	500~1500	500~1500	500~1500
脂肪酶 (LIPA)	单位/升	100~1500	200~1800	200~1800	40~500	100~1400	100~1400

续附表三

项 目	单 位	参考范围					
		犬			猫		
		小于6月龄	成 年	大于8岁	小于6月龄	成 年	大于8岁
乳 酸 (LAC)	毫摩/升	0.5~2.5	0.5~2.5	0.5~2.5	0.6~2.5	0.6~2.5	0.6~2.5
甘油三酯 (TRIG)	毫摩/升	0~0.37	0.11~1.13	0.11~1.13	0.09~0.61	0.11~1.13	0.11~1.13
尿 酸 (URIC)	微摩/升	0~60	0~60	0~60	0~60	0~60	0~60
UPC/尿蛋 白:肌酐比		<0.5			<0.4		

附表四　犬、猫新鲜尿液检测参考值

项　目	犬	猫
颜　色	黄色或淡黄色	黄色或淡黄色
透明度	清　亮	清　亮
比　重	1.015～1.045	1.015～1.060
尿渗透压	50～2800 毫渗/千克	50～3000 毫渗/千克
尿　量	24～40 毫升/千克体重·天	16～20 毫升/千克体重·天
pH	5.5～7.5	5.5～7.5
尿　糖	—	—
酮　体	—	—
蛋白质	微量(<15 摩/分升)#	微量(<15 摩/分升)
潜　血	—	—
血红蛋白	—	—
肌红蛋白	—	—
胆红素	微量＋(浓缩尿)	
尿胆素原	微量(< 16 微摩/升)	微量(< 16 微摩/升)
红细胞/HPF ＃＃	0～5	0～5
白细胞/HPF	0～5	0～5
管型/LPF ＃＃＃	偶见透明管型	偶见透明管型
上皮细胞/HPF	有时可看到	有时可看到
脂肪滴/HPF	不多见	常可见到
细菌/HPF		
结晶/HPF	变化不定	变化不定

注：＃为用试纸条法检验尿为阴性；HPF ＃＃为每个高倍(40×)显微镜视野里；LPF ＃＃＃为每个低倍(10×)显微镜视野里

附表五　犬、猫血液电解质与气体分析参考值

项　目	名　称	单　位	犬	猫
Na$^+$	钠离子	毫摩/升	144～160	150～165
K$^+$	钾离子	毫摩/升	3.5～5.8	3.5～5.8
Cl$^-$	氯离子	毫摩/升	109～122	112～129
Ca^{2+}	游离钙	毫摩/升	1.25～1.5	1.13～1.38
pH	静脉酸碱度	pH单位或酸碱值	7.31～7.42	7.24～7.40
tCO$_2$	静脉总二氧化碳	毫克当量/升	21～31	27～31
HCO$_3^-$	静脉碳酸氢根	毫克当量/升	20～29	22～24
PCO$_2$	静脉二氧化碳分压	毫米汞柱	32～49	34～38
PO$_2$	静脉氧分压	毫米汞柱	24～48	34～45
AG	阴离子间隙	毫摩/升	15～25	15～25
BE	缓冲碱	毫摩/升	−4～＋4	−5.7～＋5
pH	动脉酸碱度	pH单位或酸碱值	7.36～7.44	7.36～7.44
tCO$_2$	动脉总二氧化碳	毫克当量/升	25～27	21～23
HCO$_3^-$	动脉碳酸氢根	毫克当量/升	24～26	20～22
PCO$_2$	动脉二氧化碳分压	毫米汞柱	36～44	28～32
PO$_2$	动脉氧分压	毫米汞柱	90～100	90～100
tHb	总血红蛋白	克/分升	12～18	8～15
SO$_2$	氧饱和度	%	93～100	93～100

附表六　健康犬、猫每天所需水的平衡

项　目		单　位	犬	猫
体　重		千克	18	2.9
水的转换量		毫升/千克体重	60	84
饮水量		毫升/千克体重	46	72
代谢的水量		毫升/千克体重	14	12
排泄的水量	尿　量	毫升/千克体重	19	41
	其　他	毫升/千克体重	41	43

附表七　犬、猫脱水程度的判断与补液量

项　目	轻度脱水	中度脱水	重度脱水
体重减少（%）	5～8	8～10	10～12
精神状态	稍　差	差、喜卧少动	极差、不能站立
皮肤弹性回缩时间（秒）	2～4	6～10	20～45
口腔黏膜表现	轻度干涩	干　涩	极度干涩
眼窝下陷程度	不明显	轻微下陷	明显下陷
毛细血管再充盈时间	稍迟缓	迟　缓	超过3秒
红细胞压积（%）	50	55	60
所需补液量（毫升/千克体重）	30～50	50～80	80～120

参考文献

[1] 侯加法. 小动物疾病学[M]. 北京:中国农业出版社, 2002.

[2] J. Kevin Kealy, Hesere McALLister. 犬猫 X 线与 B 超诊断技术[M]. 谢富强,译. 沈阳:辽宁科学技术出版社,2006.

[3] 王洪斌. 家畜外科学(第四版)[M]. 北京:中国农业出版社,2002.

[4] 赵玉军. 实用犬病诊断图册[M]. 沈阳:辽宁科学技术出版社,2000.

[5] 王立光,董君艳. 新编犬病临床指南[M]. 长春:吉林科学技术出版社,2000.

[6] Donald C. Plumb. 兽药手册(第五版)[M]. 沈建忠,冯忠武,译. 北京:中国农业大学出版社,2009.

[7] 王小龙. 兽医内科学[M]. 北京:中国农业大学出版社,2004.

[8] 周桂兰,高德义. 犬猫疾病实验室检验与诊断手册[M]. 北京:中国农业出版社,2010.

[9] 罗炎杰,冯玉麟. 简明临床血气分析[M]. 北京:人民卫生出版社,2004.

[10] Alex Gough. 小动物医学鉴别诊断[M]. 夏兆飞,袁占奎,译. 北京:中国农业大学出版社,2009.

[11] 王春璈,马卫明. 狗病临床手册[M]. 北京:金盾出版社,2006.

[12] 邹敦铎. 兽医临床诊疗及失误实例(第二版)[M]. 北京:中国农业出版社,2006.

[13] 汪明. 兽医寄生虫学(第三版)[M]. 北京:中国农业

大学出版社,2001.

　　[14]　陈新谦,金有豫,汤光. 新编药物学(第16版)[M].
北京:人民卫生出版社,2007.

　　[15]　何英,叶俊英. 宠物医生手册(第二版)[M]. 沈阳:辽
宁科学技术出版社,2009.

　　[16]　熊云龙,王哲. 动物营养代谢病[M]. 长春:吉林科学
技术出版社,1995.

　　[17]　摩根. 小动物临床手册(第四版)[M]. 施振声,译.
北京:中国农业出版社,2005.

　　[18]　王立光,董君艳. 犬病诊断原色图谱[M]. 北京:中国
农业出版社,1998.

　　[19]　赵德明. 兽医病理学[M]. 北京:中国农业大学出版
社,2001.

金盾版图书，科学实用，
通俗易懂，物美价廉，欢迎选购

书名	价格	书名	价格
城郊农村如何发展食用菌业	9.00	小麦植保员培训教材	9.00
城郊农村如何发展畜禽养殖业	14.00	小麦农艺工培训教材	8.00
城郊农村如何发展花卉业	7.00	棉花农艺工培训教材	10.00
城郊农村如何发展苗圃业	9.00	棉花植保员培训教材	8.00
城郊农村如何发展观光农业	8.50	大豆农艺工培训教材	9.00
城郊农村如何搞好农产品贸易	6.50	大豆植保员培训教材	8.00
城郊农村如何办好集体企业和民营企业	8.50	水稻植保员培训教材	10.00
城郊农村如何搞好小城镇建设	10.00	水稻农艺工培训教材（北方本）	12.00
农村规划员培训教材	8.00	水稻农艺工培训教材（南方本）	9.00
农村企业营销员培训教材	9.00	绿叶菜类蔬菜园艺工培训教材（北方本）	9.00
农资农家店营销员培训教材	8.00	绿叶菜类蔬菜园艺工培训教材（南方本）	8.00
新农村经纪人培训教材	8.00	瓜类蔬菜园艺工培训教材（南方本）	7.00
农村经济核算员培训教材	9.00	瓜类蔬菜园艺工培训教材（北方本）	10.00
农村气象信息员培训教材	8.00	茄果类蔬菜园艺工培训教材（南方本）	10.00
农村电脑操作员培训教材	8.00	茄果类蔬菜园艺工培训教材（北方本）	9.00
农村沼气工培训教材	10.00	豆类蔬菜园艺工培训教材（北方本）	10.00
耕地机械作业手培训教材	8.00		
播种机械作业手培训教材	10.00	豆类蔬菜园艺工培训教材（南方本）	9.00
收割机械作业手培训教材	11.00		
玉米农艺工培训教材	10.00		
玉米植保员培训教材	9.00	油菜植保员培训教材	10.00

以上图书由全国各地新华书店经销。凡向本社邮购图书或音像制品，可通过邮局汇款，在汇单"附言"栏填写所购书目，邮购图书均可享受 9 折优惠。购书 30 元（按打折后实款计算）以上的免收邮挂费，购书不足 30 元的按邮局资费标准收取 3 元挂号费，邮寄费由我社承担。邮购地址：北京市丰台区晓月中路 29 号，邮政编码：100072，联系人：金友，电话：(010) 83210681、83210682、83219215、83219217（传真）。